智能传感器技术
与电子信息技术融合研究

杨少妹　著

中国商业出版社

图书在版编目(CIP)数据

智能传感器技术与电子信息技术融合研究 / 杨少妹著. -- 北京 : 中国商业出版社, 2025. 4. -- ISBN 978-7-5208-3326-4

Ⅰ. TP212.6

中国国家版本馆 CIP 数据核字第 2025JE8174 号

责任编辑：管明林

中国商业出版社出版发行

(www.zgsycb.com　100053　北京广安门内报国寺 1 号)

总编室：: 010－63180647　编辑室：010－83114579

发行部：010－83120835/8286

新华书店经销

天津和萱印刷有限公司印刷

*

787 毫米×1092 毫米　16 开　8.5 印张　150 千字

2025 年 4 月第 1 版　2025 年 4 月第 1 次印刷

定价：45.00 元

* * * *

(如有印装质量问题可更换)

前　言

在当今信息化、数字化迅速发展的时代，智能传感器技术与电子信息技术的融合已成为推动社会进步和科技创新的重要动力。随着物联网、大数据、人工智能等新兴技术的快速发展，智能传感器作为信息获取的前沿技术之一，正日益发挥着不可或缺的作用。它们不仅能够实时监测环境变化、收集各种数据，还能通过智能化的处理和分析，为决策提供有力支持。因此，深入研究智能传感器技术与电子信息技术的融合，具有重要的理论意义和应用价值。

本书从智能传感器技术基础理论入手，系统地阐述了电子信息技术基础，然后分别对智能传感器与电子信息技术的融合机制、智能传感器数据采集与预处理技术展开论述，最后对智能传感器信号传输与通信技术进行了深入探讨。希望通过本书的介绍，能够为读者提供智能传感器技术与电子信息技术融合研究方面的帮助。

笔者在写作过程中参考了部分相关文献、资料，获益良多，在此谨向其作者表示衷心的感谢。

由于笔者水平有限，部分问题的研究还有待进一步深化、细化，书中难免存在不足，敬请广大读者批评指正。

杨少妹

2025 年 2 月

目　录

第一章　智能传感器技术基础理论

第一节　智能传感器的概念与特点

一、智能传感器的基本概念

（一）定义

智能传感器是一种能够感知、处理和传输信息的设备，具备自我诊断和自我调节能力。智能传感器的核心在于其综合了传统传感器的功能，并通过集成信号处理单元和通信模块，形成一个完整的系统。这种系统不仅能进行数据的采集，还能对数据进行初步处理，甚至是复杂的分析。这种多功能性使得智能传感器在现代工业和日常生活中发挥着越来越重要的作用。得智能传感器的自我诊断能力使其能够识别自身的故障或异常，及时进行调整或报警，从而提高系统的可靠性和安全性。

智能传感器通常集成了传感器、信号处理单元和通信模块，形成一个完整的系统。传感器部分负责获取物理世界中的信息，如温度、压力、湿度等。信号处理单元负责对这些信息进行滤波、放大、模数转换等处理，以确保数据的准确性和可用性。通信模块负责将处理后的数据传输到中央控制系统或云端，以便进一步分析和决策。这种高度集成的结构设计，使得智能传感器能够在体积小、功耗低的情况下，完成多种复杂的功能。

智能传感器具有实时监测和反馈能力，可以在动态环境中自动调整其工作参数。通过内置的智能算法，智能传感器能够根据外部环境的变化，自动调节其灵敏度、采样频率等参数，以确保数据的准确性和及时性。这种实时的自适应能力，使得智能传感器在复杂多变的环境中，仍能保持高效的工作状态。例如，在工业生产中，智能传感器可以根据生产线的运行状态，自动调整监测的频率和范围，从而提高生产效率和产品质量。

（二）内涵

智能传感器的内涵在于其集成了多种先进技术，具备自适应、多功能、实时处理和网络互联等显著特点。智能传感器的自适应能力使其能够根据环境的变化自动调整工作状态，从而实现最佳性能。例如，在温度、湿度或光照条件发生变化时，智能传感器可以自动校正自身的参数设置，以确保数据采集的准确性和可靠性。这种自适应能力不仅提高了传感器的稳定性，还减少了人工干预的需求，使得其在复杂环境中的应用更加灵活和高效。

智能传感器的多功能集成是其一个重要内涵，它通过结合多种传感技术，提升了数据采集的丰富性和准确性。传统传感器通常只能测量单一物理量，而智能传感器则可以同时监测多个参数，如温度、压力、湿度等。这种多功能集成不仅简化了系统架构，还降低了安装和维护成本。此外，多种传感器数据的融合处理，能够提供更全面的环境信息，为后续分析和决策提供更为坚实的基础。

实时数据处理能力是智能传感器的核心优势。它能够在数据采集的同时进行分析，并将处理结果快速传递给决策系统。这种能力在许多应用场景中至关重要，如工业自动化、智能家居和智能交通等领域。通过实时数据处理，智能传感器可以及时识别异常情况并采取相应措施，从而提高系统的响应速度和安全性。这种特性不仅增强了系统的实时性，还为复杂系统的动态调整提供了技术支持。

智能传感器的网络互联特性支持与其他设备和系统的无缝通信，实现信息共享和协同工作。通过内置的通信模块，智能传感器可以通过无线或有线网络与其他设备连接，形成一个互联互通的系统网络。这种网络互联特性使得智能传感器能够在物联网架构中发挥重要作用，促进不同设备之间的数据交换和协同操作，从而实现更高层次的智能化应用。

二、智能传感器的主要特征

（一）自适应能力

智能传感器在现代电子信息技术中扮演着至关重要的角色，其自适应能力尤为突出。其核心特征在于能够实时监测环境变化，并根据变化自动调整其敏感度和响应速度，以优化性能。这种自适应能力使得智能传感器在复杂多变的环境中，能够保持高效的工作状态。例如，在温度、湿度变化较大的环境中，智能传感器能够迅速调整其内部参数，以确保数据的准确性和稳定性。此外，通过自我学习和算法优化，智能传感器能够识别不同的操作条件，自动选择最适合的工作模式。这种能力不仅提高了传感器的效率，还大大扩展了其应用范围。

智能传感器的自适应能力还体现在其故障检测和自我修复能力上。当传感器检测到异常时，能够自动调整工作参数，确保系统的稳定性。这种自我修复机制极大地提高了智能传感器的可靠性，使其在工业、医疗等关键领域的应用更为广泛。智能传感器的这种能力不仅减少了人工干预的需求，还降低了系统维护的复杂性和成本。

智能传感器能够与其他智能设备进行信息交换，基于接收到的数据自动调整其工作策略，实现协同优化。这种信息交互能力使得智能传感器在物联网生态系统中发挥着关键作用。通过与其他设备的协同工作，智能传感器不仅能够提升自身的工作效率，还能为整个系统的优化提供支持。这种协同优化能力在智能制造、智慧城市等领域展现出巨大的潜力，推动了电子信息技术与智能传感器技术的深度融合。

（二）数据处理能力

智能传感器在现代技术应用中扮演着重要角色，数据处理能力是其核心特征。在数据预处理阶段，智能传感器具备强大的能力来提高数据质量和准确性。通过噪声过滤技术，智能传感器可以有效地消除数据中的干扰信号，确保传感数据的纯净性。此外，信号增强技术使得微弱信号能够被放大，从而提高检测的灵敏度和准确性。数据清洗技术则通过去除冗余和错误数据，确保数据的可靠性。这些预处理能力使得智能传感器在复杂环境中仍能提供高质量的数据输出。

智能传感器的实时数据分析能力是其一大优势。通过内置的高速处理单元，智能传感器能够对采集到的数据进行快速处理，生成实时反馈。这种能力对于需要即时决策的应用场景尤为重要，例如在工业自动化和智能交通系统中，实时数据分析能够显著提高系统的响应速度和决策效率，确保系统的安全性和稳定性。通过对数据的快速处理，智能传感器能够为用户提供及时的状态信息和建议，支持更为科学、高效的决策过程。

多源数据融合能力是智能传感器实现全面环境感知的重要特性。智能传感器能够整合来自不同传感器的数据，提供更为全面的环境信息和状态评估。这种能力不仅提升了数据的准确性，还增加了信息的维度，使得系统能够从多角度对环境进行分析。例如，在智能城市管理中，智能传感器通过整合交通、气象、污染等多方面的数据，能够提供城市运行的综合状态评估，为城市规划和管理提供有力支持。多源数据融合能力使得智能传感器在复杂系统中的应用更加广泛和深入。

智能算法的应用是智能传感器提升决策能力的重要手段。通过引入机器学习和深度学习技术，智能传感器能够在海量数据中进行模式识别和异常检测。这种能力使得智能传感器不仅能够感知环境，还能对环境变化进行预测和对异常事件进行预警。例如，在健康监测中，智能传感器可以通过对生理参数的实时监测和分析，识别出潜在的健康风险并及时发出警报，从而提高健康管理的主动性和有效性。智能算法的应用为智能传感器的智能化提供了坚实的技术基础。

智能传感器的云计算支持能力为其提供了更为广阔的应用前景。通过将数据上传至云端，智能传感器能够进行更为复杂的数据分析和存储，实现远程监控和管理。这种能力使得智能传感器不仅能够在本地进行数据处理，还能借助云计算的强大算力和存储能力，进行大规模数据的综合分析和历史数据的深度挖掘。

（三）通信能力

在智能传感器技术中，通信能力是其核心特征。智能传感器支持多种通信协议，如 Wi-Fi、Bluetooth 和 Zigbee 等。这些协议的多样性确保了智能传感器能够与不同类型的设备进行兼容和互操作，从而在复杂的网络环境中实现无缝连接。这种多协议支持不仅提高了设备的互联互通能力，还为系统集成提供了灵活性和便利性。

智能传感器的低功耗通信能力是其在长时间监测场景中应用的关键优势。通过优化通信模块的能耗，智能传感器能够在不影响性能的前提下延长电池寿命。这种低功耗特性使得智能传感器特别适合于需要长期数据采集和监测的应用场景，如环境监测、健康监测等领域，减少了维护和更换电池的频率，提高了系统的可靠性和实用性。

远程数据传输能力是智能传感器在现代应用中的重要特征。智能传感器通过支持云端存储和管理，使得采集的数据能够随时随地被访问和分析。这种能力不仅提升了数据的可用性和分析效率，还促进了物联网应用的发展。通过远程数据传输，用户可以实时获取传感器数据，从而作出及时的决策和响应，提高了系统的智能化程度。

智能传感器的通信能力具有安全性特征。在数据传输过程中，智能传感器采用先进的加密技术来保护数据的隐私和完整性。这种安全性措施确保了数据在传输过程中的安全性，防止未经授权的访问和数据篡改，为智能传感器在敏感数据处理领域的应用提供了保障。

三、智能传感器的功能优势

（一）精确性提升

智能传感器技术的一个显著优势在于其精确性的大幅提升。智能传感器通过集成高精度的传感元件，显著提高了对环境变化的检测能力。其精密的构造和先进的材料选择，使得智能传感器能够在各种复杂环境中可靠地采集数据，确保测量结果的准确性。这种精确性在许多应用场景中至关重要，例如在医疗诊断中，智能传感器能够以极高的精度监测患者的生理参数，为临床决策提供可靠的数据支持。

智能传感器的一个技术突破在于其信号处理能力的增强。通过采用先进的信号处理算法，智能传感器可以有效地消除噪声和干扰，提升测量结果的可靠性。这些算法通过对信号的实时分析和处理，能够在复杂的环境条件下保持数据的稳定性和准确性。例如，在工业自动化领域，智能传感器的信号处理能力使其能够在高噪声环境中精确地监测设备状态，避免因噪声干扰导致的错误判断，提高生产效率。

智能传感器具备多通道数据采集能力，可以同时监测多个物理量，实现更全面的状态评估。这种多通道采集能力不仅提高了数据的丰富性，还增强了对系统整体状态的感知能力。例如，在环境监测中，智能传感器可以同时监测温度、湿度、气压等多个参数，提供对环境状态的全面评估，有效支持环境保护和资源管理。

智能传感器的自适应校准技术是其精确性提升的一个关键因素。通过自适应校准，智能传感器能够根据环境条件的变化自动调整测量参数，保证测量的持续精确。这种技术使得智能传感器在长期使用中能够保持高精度，减少了人为干预的需求，降低了维护成本。在交通监控系统中，自适应校准技术确保传感器在不同天气条件下的稳定性和可靠性。

（二）实时监测能力

智能传感器在现代技术应用中展现了其卓越的实时监测能力，这一特性使其在多个领域中成为不可或缺的工具。智能传感器能够实时采集环境数据，通过对瞬时变化的快速响应，显著提升了监测的时效性。这种能力尤为重要，因为在许多应用场景中，环境参数的变化可能是瞬间发生的，而传统传感器可能无法及时捕捉这些变化，从而导致监测结果的滞后和不准确。智能传感器通过先进的设计和技术集成，确保在任何时候都能提供最新的数据，支持系统的及时决策和调整。

在数据采集过程中，智能传感器集成了先进的信号处理技术，可以进行即时分析并提供实时反馈。这种即时分析能力意味着传感器不仅仅是数据的采集者，也是数据的初步分析者。通过这种方式，智能传感器能够在数据传输到中央处理系统之前，先行对数据进行预处理，从而减少了数据传输的负担，并提高了整个系统的响应速度。这一特性在需要快速反应的应用场景中尤为重要，如工业自动化、智能交通和环境监测等领域。

智能传感器支持多种数据传输方式，这使得数据的即时共享与远程访问成为可能。在现代信息技术的支持下，智能传感器可以通过无线网络、蓝牙、Zigbee 等多种方式将数据传输至远程服务器或云端。这样的设计不仅提高了数据的可达性和共享性，还增强了系统的灵活性和适应性。尤其是在需要跨地域进行监测和控制的场景中，智能传感器的这种能力极大地提高了监测的效率和效果。

多维度监测能力是智能传感器的一大优势。它可以同时跟踪多个环境参数，实现全面的状态监测。这种能力使得智能传感器能够在复杂的环境中进行综合分析，提供更为准确和全面的监测结果。例如，在智能楼宇管理系统中，智能传感器可以同时监测温度、湿度、光照强度等多个参数，从而为楼宇管理提供全面的数据支持，优化资源配置和能效管理。

智能传感器的实时监测能力使其能够在动态环境中持续评估系统性能，确保系统的高效运行。在快速变化的环境中，实时监测能力意味着智能传感器可以不断调整自身的监测策略，以适应新的环境条件。这种动态适应性使得智能传感器能够在各种复杂和不确定的环境中保持高效的工作状态，为系统的稳定性和可靠性提供保障。

（三）能耗优化

智能传感器在现代电子信息技术中扮演着至关重要的角色，其能耗优化功能尤为突出。智能传感器通过低功耗设计和优化算法，有效地降低了设备在待机和工作状态下的能耗，这不仅延长了设备的使用寿命，还减少了对环境的影响。低功耗设计通常涉及采用高效能的微处理器和优化的电路设计，以确保在不影响性能的情况下实现最低的功耗。此外，优化算法的应用使得智能传感器能够在数据处理和传输过程中有效地节省能量，从而在不牺牲数据处理速度和准确性的前提下，达成节能的目标。

采用动态功耗管理技术是智能传感器能耗优化的一个重要手段。通过该技术，智能传感器能够根据实际需求灵活调整工作模式，实现能量的实时优化。例如，在数据采集密度较低的情况下，传感器可以进入低功耗模式，从而减少不必要的能量消耗。而在需要高频数据采集时，传感器则可以迅速切换到高性能模式，以满足应用需求。这种动态调整机制不仅提高了能量利用效率，还使智能传感器能够适应多变的工作环境，提升了系统的整体性能。

智能传感器通过智能调度技术优化数据采集和处理过程，以降低通信过程中的能耗。通过减少不必要的数据传输，智能传感器不仅降低了通信能耗，还减轻了网络负载，提高了系统的整体效率。智能调度技术通常结合数据压缩和优先级排序等方法，确保只有最必要的数据被传输和处理。这种方法在无线传感器网络中尤为重要，因为它能够显著延长网络节点的使用寿命，减少维护成本。

利用能量收集技术，智能传感器可以实现自供电，进一步减少对外部电源的依赖。通过从环境中获取能量，如太阳能、热能等，智能传感器能够在无电源线的情况下持续运行。这种自供电能力不仅降低了对传统电池的依赖，还在一定程度上解决了远程或难以接近地区设备供电的问题。能量收集技术的应用，使得智能传感器在野外监测、智能家居等领域具有广泛的应用前景。

智能传感器的能耗优化还体现在传感器布局的优化和传感器类型的选择上。通过合理的布局设计和选择合适的传感器类型，系统的整体能耗可以显著降低。例如，在一个多传感器系统中，合理配置各个传感器的位置和类型，可以减少冗余数据的采集和传输，从而提升系统的能效比。这种策略不仅提高了系统的能量利用效率，还提升了数据采集的准确性和可靠性，为智能传感器在各类应用中的推广奠定了基础。

第二节 智能传感器的工作原理与类型

一、智能传感器的工作原理

（一）传感器信号转换

传感器信号转换是智能传感器工作的核心环节。它涉及物理量感知、初始信号产生并最终转换为电信号的基本过程。在这个过程中，传感器首先通过感知物理量，如温度、压力或光强，产生初始信号。随后，这些信号被转换为电信号，以便后续处理和分析。信号转换的质量直接影响传感器的整体性能，因此在设计过程中，需特别关注信号转换的精度和灵敏度。

在信号转换过程中，传感元件的选择至关重要。常用的传感元件包括热电偶、压力传感器和光电传感器等。热电偶通过温差产生电压，压力传感器通过机械变形产生电信号，而光电传感器则通过光的强度变化产生电信号。每种传感元件都有其独特的工作原理和应用场景，选择合适的传感元件能够有效提升信号转换的效率和准确性。

信号转换的精度和灵敏度是衡量智能传感器性能的重要指标。高精度和高灵敏度的信号转换可以显著提高传感器的检测能力和响应速度。为了优化信号转换的质量，设计师可以通过改进传感元件的材料和结构、优化信号处理算法等手段来提升传感器的性能。此外，信号转换过程中可能出现的噪声源，如环境噪声和电磁干扰，会对信号质量产生负面影响。为此，噪声抑制技术的应用显得尤为重要，通过滤波、屏蔽等方法，可以有效地降低噪声对信号的干扰。

信号转换后的数据格式化与标准化是智能传感器系统设计中的一个关键步骤。数据格式化指的是将转换后的电信号整理为统一的格式，以便后续的处理和分析。标准化则是确保不同传感器之间的数据兼容性和可用性的重要手段。通过数据格式化与标准化，不仅可以提高数据的处理效率，还能确保系统的稳定性和可靠性，从而为智能传感器的广泛应用奠定坚实的基础。

（二）数据采集与传输

智能传感器的数据采集与传输是其核心功能，直接影响系统的整体性能和可靠性。数据采集的基本过程包括传感器激活、信号获取和初步处理。这一过程确保了数据的准确性和可靠性。在传感器激活阶段，系统通过检测外部环境的变化来启动数据采集过程。信号获取则涉及将物理信号转换为可测量的电信号，并通过初步处理去除噪声和干扰，确保信号的清晰度和准确性。初步处理后，数据被转换为标准格式，便于后续的传输和分析。这一系列步骤是智能传感器实现高效数据采集的基础。

数据传输是智能传感器系统的重要组成部分，决定了数据的传递速度和范围。有线传输和无线传输是两种主要的传输方式。有线传输通常具有更高的稳定性和带宽，适用于对数据传输速度和可靠性要求较高的应用场景。然而，布线复杂和灵活性不足是其主要缺点。相比之下，无线传输具有更高的灵活性和易于部署的特点，适合于动态环境和难以布线的区域。然而，信号干扰和传输距离的限制是其主要挑战。不同的传输方式各有优缺点，选择时需根据具体应用场景进行权衡。

智能传感器的数据采集频率和时效性对其性能有着显著影响。在动态环境中，实时数据的采集和传输至关重要。高频率的数据采集可以捕捉到环境的细微变化，提高系统的响应速度和决策准确性。然而，过高的采集频率可能导致数据冗余和资源浪费。因此，在设计智能传感器系统时，需要根据应用需求合理设定数据采集频率，以在数据的完整性和系统资源之间取得平衡。

数据格式化与编码标准的制定是为了确保不同系统间的数据兼容性和易用性。标准化的数据格式有助于实现不同设备和平台之间的数据共享和分析，降低系统集成的复杂性。通过采用统一的编码标准，智能传感器可以与其他电子信息系统无缝对接，从而提高整体系统的效率和灵活性。此外，标准化的数据格式还为大数据分析和人工智能应用提供了可靠的数据基础。

（三）自校准与自诊断

自校准与自诊断技术是智能传感器得以在复杂环境中维持高精度测量能力的关键所在。智能传感器自校准技术的基本原理在于，通过内置的算法和反馈机制，传感器能够自动调整其测量参数，以应对环境因素的变化。这种自动化的校准过程不仅提升了测量的准确性，还确保传感器能够在不同的温度、湿度或压力条件下保持稳定的性能。自校准技术的应用，使得传感器在广泛的应用场景中无须频繁的人工校准，极大地提升了其使用的便捷性和可靠性。

自诊断机制的实现是通过传感器内部的监测系统进行的，该系统能够自动识别传感器的故障和性能下降。通过对传感器关键参数的持续监测，自诊断功能可以在问题初现时即刻发出警报，从而避免因设备故障导致的测量误差或系统崩溃。这种机制不仅提升了系统的可靠性，还为维护人员提供了及时的故障信息，便于快速响应和修复。此外，自诊断功能的引入，也使得传感器在复杂系统中的应用更加安全和高效。

在智能传感器中，自校准与自诊断的集成方式通常依赖于先进的优化算法。通过这些优化算法，传感器能够更高效地进行自我维护，减少对外部干预的依赖。集成的自校准与自诊断系统通过对传感器数据的实时分析，自动调整和优化传感器的工作状态。这不仅提高了传感器的自适应能力，还使得其在长时间运行中保持高效和稳定的性能。这样的集成方式，也为智能传感器的广泛应用提供了技术保障。

自校准过程中的数据反馈机制是智能传感器实现高效自我维护的重要组成部分。通过实时数据的反馈，传感器能够动态调整其工作参数，以适应不断变化的环境条件。这样的数据反馈机制，不仅增强了传感器的适应性，还确保了其在多变的应用场景中始终如一的性能表现。实时数据的有效利用，使得传感器的自校准过程更加精准和高效，从而进一步提升了测量的可靠性和准确性。

二、智能传感器的信号处理方法

（一）模拟信号处理

在智能传感器技术中，模拟信号处理是一个至关重要的环节。模拟信号处理的基本概念涵盖了对连续信号的获取、放大和滤波等基本操作。这些操作是确保传感器能够准确感知和传递外界信息的基础。通过对信号的获取，可以捕捉到环境中的物理量变化，而放大技术则用于增强这些信号，使得微弱的信号能够被有效识别和处理。滤波技术在此过程中扮演着去除噪声和干扰的角色，从而提高信号的质量，确保传感器输出的可靠性和准确性。

滤波技术在模拟信号处理中的应用尤为广泛，主要用于去除噪声和干扰，以提高信号的质量。在智能传感器系统中，环境噪声和其他干扰信号可能会对传感器的测量结果产生显著影响。通过应用滤波器，可以有效地削弱或消除这些不必要的信号成分，确保传感器输出的信号更加纯净和准确。这对于需要高精度和高可靠性的传感器应用尤为重要，例如在医疗监测设备中，滤波技术可以显著提高心电图信号的清晰度和准确性。

模拟信号的放大技术是确保微弱信号能够被有效识别和处理的关键，以提高系统的灵敏度。在许多传感器应用中，初始信号往往非常微弱，若不进行放大处理，可能无法被后续的信号处理单元有效识别。通过放大技术，可以将这些微弱信号提升到一个可用的电平，从而确保系统能够对微小的物理变化作出响应。这对提高传感器系统的整体性能和可靠性具有重要意义，尤其是在需要高灵敏度的应用场景中，如环境监测和生物医学传感。

采样定理在模拟信号处理中的重要性不容忽视，它强调在信号处理过程中保持信息的完整性和避免失真。根据采样定理，信号的采样频率必须至少是信号最高频率的两倍，以确保能够完整地重构原信号。在智能传感器中，这一原则指导着信号采集模块的设计和实现，确保传感器能够准确地捕获和再现环境中的变化。这对于需要高保真和高精度的应用场景尤为重要，如在音频处理和图像传感器中，采样定理的正确应用直接影响到最终的信号质量。

模拟信号处理与数字信号处理在智能传感器应用中扮演着不同角色，并具有互补性。模拟信号处理主要负责对原始信号的初步处理，包括获取、放大和滤波，而数字信号处理则负责更高级别的信号分析和处理，如特征提取和模式识别。两者的结合使得智能传感器能够实现从信号获取到信息提取的完整流程，提升了传感器系统的整体性能和应用范围。

（二）数字信号处理

智能传感器的信号处理是其核心功能，而数字信号处理（DSP）则是实现这一功能的关键技术。数字信号处理的基本概念包括对离散信号的获取、分析和处理等基本操作。这些操作是通过将连续的模拟信号转化为离散的数字信号来实现的。通过采样和量化，模拟信号被转换成一系列数字值，从而可以利用计算机进行进一步的处理和分析。数字信号处理的灵活性和精确度使其在智能传感器技术中占据重要地位，为信号的进一步分析和应用奠定了基础。

在数字信号处理中，滤波技术是一个重要的组成部分。滤波技术主要用于去除信号中的噪声，增强信号的清晰度，从而提高数据质量。噪声是信号处理中不可避免的问题，它可能来自传感器本身的电子噪声或外部环境的干扰。通过应用不同类型的滤波器，如低通滤波器、高通滤波器和带通滤波器，数字信号处理可以有效地减少或消除噪声，保留信号中的重要信息。这种处理方式不仅提高了数据的可靠性，还为后续的数据分析打下了更为准确的基础。

量化技术在数字信号处理中同样起着至关重要的作用。量化是将连续的模拟信号转换为数字信号的过程中必不可少的一步，其主要目的是确保在转换过程中信息的准确性和完整性。量化过程涉及将模拟信号的幅度划分为多个离散的电平，每个电平用一个数字值表示。尽管量化会引入一些误差，即量化噪声，但通过选择合适的量化位数，这些误差可以被最小化，从而确保信号在转换后的数字形式中尽可能保留原有信息。

特征提取方法是数字信号处理中的一项关键技术，旨在从信号中提取有用信息，以支持后续的数据分析和决策。特征提取涉及识别和提取信号中具有代表性的信息，如频率、幅度和相位等。通过这些特征的分析，系统可以识别信号中的模式或异常，从而为智能传感器的应用提供有力支持。这一过程不仅提高了数据的利用效率，还为实现更复杂的智能功能提供了基础。

数字信号处理的实时性要求在智能传感器应用中尤为重要。随着传感器技术的发展，许多应用场景对数据处理的速度和响应时间提出了更高的要求。实时处理能力意味着智能传感器能够在极短的时间内完成信号的采集、处理和反馈。这对于需要快速响应的应用，如自动驾驶、医疗监测和工业自动化等领域，具有重要意义。

（三）噪声抑制技术

智能传感器技术在现代电子信息领域中扮演着至关重要的角色，其信号处理能力直接影响着传感器的性能和应用效果。在信号处理过程中，噪声抑制技术是关键的一环。噪声抑制技术旨在降低信号中的干扰成分，提高信号的准确性和稳定性。噪声的存在往往会导致信号失真，进而影响传感器的测量精度和可靠性。因此，研究有效的噪声抑制技术，对于提升智能传感器的性能具有重要意义。

噪声源识别与分类技术是噪声抑制的基础。通过分析信号的特征，可以识别出不同类型的噪声源。这一过程通常涉及信号的频谱分析和特征提取，目的是对噪声源进行准确分类。识别噪声源后，才能够采取相应的抑制措施，从而实现对噪声的有效控制。这一技术的进步使得智能传感器能够在复杂的环境中保持高精度的信号检测能力，为其在多领域的应用提供了坚实的基础。

主动噪声控制技术是噪声抑制的先进方法之一。它通过生成与噪声信号相位相反的声波来抵消噪声，从而提高信号的清晰度和质量。这种技术广泛应用于需要高信噪比的场合，如语音识别系统和精密测量设备中。主动噪声控制技术的核心在于精确的相位匹配和实时的信号处理能力，这对传感器的硬件和软件设计提出了更高的要求，同时也推动了智能传感器技术的不断发展。

滤波器设计与优化是噪声抑制中不可或缺的环节。通过数字滤波器和模拟滤波器的结合，可以针对不同频率范围的噪声进行有效的抑制。在滤波器设计中，需考虑信号的频率特性和噪声的频谱分布，以实现最佳的滤波效果。滤波器的优化不仅能够提高信号的质量，还能降低系统的运算复杂度和能耗，使得智能传感器在资源受限的环境中也能高效运行。

自适应噪声抑制算法在动态环境中展现出其独特的优势。该算法能够根据实时信号特征动态调整滤波参数，从而适应不断变化的环境噪声条件。自适应算法的核心在于其反馈机制和学习能力，这使得传感器能够在多变的环境中持续提供高质量的信号输出。随着计算能力的提升和算法的优化，自适应噪声抑制技术在智能传感器中的应用将更加广泛。

三、常见智能传感器的类型及应用

（一）温度传感器

温度传感器是智能传感器技术中的基础元件，其工作原理主要基于热电效应或电阻变化原理。通过这些原理，温度传感器能够将温度变化转换为可测量的电信号，从而实现对环境温度的精准监测。在热电效应中，温度差会在不同金属接点处产生电动势，这一现象被广泛应用于热电偶温度传感器中。而电阻变化原理则是通过材料电阻随温度变化而变化的特性进行温度测量，如热敏电阻利用这一特性实现温度感知。这些基本原理为温度传感器的精确测量奠定了理论基础。

温度传感器的分类多样，常见的包括热电偶、热敏电阻和红外温度传感器等。热电偶传感器以其宽广的测量范围和快速响应的特点，被广泛应用于高温环境的监测；热敏电阻因其高灵敏度和低成本，常用于家电和消费电子产品中；红外温度传感器通过检测物体辐射的红外线来测量温度，适用于非接触式测量场合。每种类型的温度传感器在测量范围和精度上各具特点，使其能够在不同的应用场景中发挥作用。

在智能家居领域，温度传感器的应用日益广泛。通过温度传感器，智能家居系统能够实现对空调和供暖系统的自动调节，从而提升居住舒适度和能效。

例如，当室内温度低于设定值时，温度传感器可以触发供暖系统启动，反之亦然，从而实现温度的智能调控。此外，温度传感器还可以与其他家居设备联动，形成更加智能化的居住环境，为用户提供更加便捷的生活体验。

（二）压力传感器

压力传感器是智能传感器技术中至关重要的一类，其工作原理主要涉及感知物体施加的压力，并将其转换为电信号，以便进行后续的处理和分析。这一转换过程通常依赖于传感器内部的敏感元件，当压力施加到这些元件上时，会引起电阻、电容或电压的变化，从而产生与压力成比例的电信号。这种信号可被传输到处理器进行进一步的分析和决策，使得压力传感器在各类应用场景中发挥关键作用。

压力传感器的类型多样，包括压电式、应变式和电容式等，每种类型在测量范围、精度和响应速度上存在显著差异。压电式传感器通常用于测量快速变化的压力信号，因其响应速度快，而应变式传感器则以其高精度和稳定性著称，适合用于要求较高精度的测量场合。电容式传感器则因其高灵敏度和低功耗而被广泛应用于需要长时间监测的场合。这些不同类型的压力传感器满足了各行业对压力测量的多样化需求。

在工业自动化中，压力传感器的应用尤为广泛。通过实时监测管道和设备的压力状态，企业能够确保生产过程的安全与稳定。例如，在石油化工行业，压力传感器可以监控输油管道的压力，防止泄漏和爆炸事故的发生。此外，压力传感器还被用于监控锅炉和反应釜的内部压力，以确保设备在安全范围内运行，从而提高生产效率和安全性。

在汽车领域，压力传感器的应用日益普及，尤其是在胎压监测系统中。该系统能够实时监测轮胎的压力状态，及时提醒驾驶员进行调整，以提升行车安全和燃油效率。通过有效的胎压监测，车辆不仅可以减少因胎压不足导致的交通事故风险，还能通过优化轮胎接地面积来降低油耗。

（三）加速度传感器

加速度传感器是智能传感器技术中的重要组成部分，其工作原理主要通过测量物体的加速度变化，并将其转换为电信号。这一过程使得加速度传感器能够有效监测和分析物体的运动状态。在智能传感器技术与电子信息技术的融合研究中，加速度传感器的应用极为广泛，涵盖了从消费电子到汽车工业等多个领域。通过对加速度变化的精准测量，传感器能够为各类设备提供实时的动态数据支持，成为智能化应用不可或缺的关键组件。

加速度传感器的类型多样，主要包括 MEMS 加速度传感器、压电加速度传感器和光纤加速度传感器等。每种类型在灵敏度、频率响应和应用场景上都有显著差异。MEMS 加速度传感器以其小型化和低成本的优势，广泛应用于消费电子产品中；压电加速度传感器则因其高灵敏度和宽频率响应，常用于工业监测和振动分析；光纤加速度传感器凭借其抗电磁干扰和高精度的特性，在航空航天和高端科学研究领域中发挥着重要作用。这些不同类型的加速度传感器在各自的应用领域中，通过提供精准的加速度数据，助力设备性能的提升和功能的拓展。

在智能手机中，加速度传感器通过检测设备的倾斜、旋转和运动状态，实现了屏幕自动旋转和步态监测等功能。这些功能的实现依赖于加速度传感器对设备运动状态的实时监测和分析，使得智能手机能够提供更加智能化和个性化的用户体验。此外，加速度传感器还被用于增强现实（AR）应用中，通过与其他传感器的协同工作，实现对用户运动的精准捕捉和虚拟内容的实时交互，从而提升了用户的互动体验和应用的沉浸感。

第三节　智能传感器的关键技术与组件

一、数据采集与处理技术

（一）数据采集方法

在智能传感器系统中，数据采集的基本原理涉及传感器激活、信号获取以及初步处理的全过程。传感器的激活通常依赖于特定的环境刺激或控制信号，从而开始信号的捕捉。信号获取是通过传感器将物理量转化为电信号的过程，随后进行初步的信号处理，以便为后续的分析和应用做好准备。初步处理包括信号滤波、放大和模数转换等步骤，这些步骤确保了数据的准确性和稳定性。

不同类型传感器的数据采集方式各有特点，通常分为模拟信号采集与数字信号采集。模拟信号采集直接处理连续变化的信号，适合于高精度和高动态范围的应用。然而，模拟信号易受噪声影响，且需要复杂的电路设计。相比之下，数字信号采集则将模拟信号转换为离散的数字信号，便于后续的数字处理和存储。数字采集方式在抗干扰能力和数据处理的灵活性上具有优势，但在高频实时应用中可能面临采样率的限制。

数据采集频率的选择直接影响系统的性能表现，尤其是在强调实时性与准确性平衡的应用中。较高的采集频率能够捕捉更细微的信号变化，提高系统的响应速度和准确性。然而，过高的采集频率可能导致数据冗余和处理负担的增加。因此，在设计数据采集系统时，需根据具体应用需求选择合适的采集频率，以实现性能与资源消耗的最佳平衡。

在数据采集过程中，传感器的选择标准至关重要。依据应用需求，选取合适的传感器类型需要考虑多方面因素，包括测量范围、精度、响应时间、环境适应性等。合适的传感器选择不仅能提高数据采集的准确性和效率，还能降低系统的整体成本和复杂性。因此，传感器的选择应根据具体应用场景进行全面评估和优化。

（二）数据处理算法

数据处理算法是智能传感器技术中的一个核心组成部分，其基本概念在于对采集的数据进行科学的分析和处理。智能传感器通过这些算法能够从复杂的原始数据中提取有用的信息，从而提高数据的可理解性和实用性。数据处理算法的设计和实现直接影响着传感器的性能，尤其是在数据量巨大且实时性要求高的应用场景中，算法的高效性和准确性显得尤为重要。通过合理的算法设计，智能传感器能够在复杂环境中保持稳定的性能，并为后续的决策过程提供可靠的数据支持。

常用的数据处理算法种类繁多，每种算法在不同的应用场景中具有不同的适用性。滤波算法是最常见的类型之一，主要用于消除数据中的噪声，提高信号的质量。回归分析用于预测和趋势分析，通过构建数学模型来描述数据之间的关系。聚类算法在数据分类和模式识别中发挥重要作用，能够将数据按相似性进行分组。这些算法在智能传感器的各类应用中扮演着不可或缺的角色，帮助设备在不同的环境下高效地完成任务。

在实时监测应用中，数据处理算法的应用尤为关键。智能传感器需要在极短的时间内对数据进行处理和分析，以便及时反馈给决策系统。通过快速的数据处理和反馈机制，智能传感器可以支持复杂系统的实时决策过程，如自动驾驶系统中的路径规划和障碍物检测。算法的实时性和准确性直接影响到系统的响应速度和安全性，因此在设计和选择算法时需特别考虑这些因素。

数据处理算法的性能评估标准主要包括准确性、效率和鲁棒性。准确性决定算法处理结果的可靠程度，效率影响算法在大规模数据处理中的表现，鲁棒性则涉及算法在面对各种不确定性和异常值时仍能保持稳定性能的能力。对于智能传感器而言，性能优良的算法能够显著提升其整体性能，使其在复杂多变的环境中仍能提供高质量的数据输出。

（三）数据存储与管理

智能传感器技术的迅速发展，使得数据存储与管理成为其核心环节。数据存储技术的基本概念涵盖了多种类型，包括关系型数据库、非关系型数据库以及云存储等。这些技术在智能传感器中的应用场景广泛，例如，关系型数据库因其结构化数据管理的优势，常用于需要高一致性的数据存储；非关系型数据库在处理大规模、非结构化数据时表现出色，适合于物联网设备的海量数据存储；云存储为智能传感器提供了灵活的存储解决方案，支持按需扩展和远程访问。

数据管理策略的制定是确保数据在整个生命周期中保持高可用性和高安全性的关键。有效的数据管理能够提高数据的完整性，从而保证在数据采集、存储和分析过程中不会出现数据丢失或篡改的情况。为此，制定数据管理策略时需考虑数据的分类、存储位置、访问权限等因素，通过合理的策略设计，提升系统的安全性和可靠性，确保传感器数据在不同应用场景中的有效利用。

数据备份与恢复机制是保障数据安全和可恢复性的必要措施。在智能传感器系统中，数据丢失或损坏可能带来严重后果，因此，建立完善的备份策略尤为重要。通过定期备份和异地备份等方法，可以在发生意外时快速恢复数据，减少损失。此外，备份策略还需考虑恢复时间目标和恢复点目标，以确保在最短时间内恢复到最近的可用状态，实现业务的连续性。

数据访问控制与权限管理是保护存储数据的重要手段。在智能传感器系统中，数据安全和隐私保护尤为重要。通过设置访问控制策略，确保只有授权用户才能访问和操作数据，防止未经授权的用户访问和数据泄露。权限管理策略需根据用户角色和数据敏感性进行设计，以实现精细化的权限分配和管理，维护数据的机密性和完整性。

二、传感器信号调理技术

（一）信号放大技术

在智能传感器系统中，信号放大技术的原理在于通过增益元件提升微弱信号的强度，便于后续处理。智能传感器通常需要处理极其微弱的信号，若不经过放大处理，这些信号在传输和处理过程中容易被噪声淹没。因此，信号放大技术的应用可以显著提升信号的可检测性和处理效率。在信号放大过程中，增益元件的选择和配置直接影响到信号的放大倍数和质量，这就要求我们对信号放大技术有深入的理解和掌握。

不同类型的信号放大器具备各自独特的工作特性和适用场景。例如，运算放大器以其高输入阻抗和低输出阻抗的特性，广泛应用于低频信号处理场景；射频放大器则专注于高频信号的放大，适用于无线通信和雷达等领域。选择合适的放大器类型是确保信号放大效果的关键，这需要结合具体的应用需求，对放大器的频率响应、增益稳定性等因素进行综合考虑。此外，不同放大器的设计也决定了其在电路中的应用复杂度和功耗特性。

在信号放大过程中，非线性失真的控制是一个重要的技术挑战。任何放大器在工作时都可能产生非线性失真，这种失真会导致信号的原有信息被扭曲，从而影响系统的精度和可靠性。为了控制非线性失真，通常采用负反馈技术来稳定增益，减少失真。此外，还可以通过优化电路设计和选择高线性度的放大器元件来进一步降低失真影响。确保放大后的信号保持其原有信息的完整性，这是信号放大技术的核心目标之一。

信号放大技术在智能传感器中的应用实例非常广泛，如温度和压力传感器中，信号放大技术被用于提升传感器输出信号的强度，以便于后续的模数转换和数字信号处理。通过对传感器输出信号的有效放大，可以提高系统的测量精度和灵敏度，尤其在复杂的工业环境中，信号放大技术能够有效抑制环境噪声的干扰，确保传感器系统的稳定运行。不同应用场景对信号放大技术提出了不同的要求，需要根据具体需求进行优化。

信号放大技术对系统整体性能的影响不可忽视。其在提高信号质量和系统灵敏度方面的重要性尤为突出。通过优化信号放大电路，可以显著提升系统的信噪比，进而改善整体系统性能。在智能传感器应用中，信号放大技术不仅影响传感器的测量精度，还关系到系统的响应速度和稳定性。因此，在设计智能传感器系统时，必须充分考虑信号放大技术的选择和优化，以确保系统在复杂环境下的可靠性和有效性。

（二）噪声滤除技术

在智能传感器信号调理中，噪声滤除技术的原理是通过特定的算法和电路设计，有效去除信号中的随机噪声，从而提升信号的质量。在信号处理过程中，噪声的存在会导致测量数据的精度下降，因此，噪声滤除技术的应用能够显著提高传感器系统的性能。通过对噪声特征的分析，设计适当的滤波器和算法，可以在不影响信号有效成分的情况下，最大限度地减少噪声的影响。这不仅有助于提高信号的清晰度，还能增强系统对外界环境变化的适应能力。

在噪声滤除的具体方法中，低通滤波器、高通滤波器和带通滤波器是常用的三种类型。低通滤波器主要用于抑制高频噪声，适合处理信号中的低频成分；高通滤波器用于去除低频噪声，保留高频信号；带通滤波器在一定频率范围内允许信号通过，适用于需要特定频率范围内噪声抑制的场合。这些滤波器通过选择性地过滤信号中的特定频率成分，实现对噪声的有效抑制，从而提高传感器输出信号的质量。

自适应滤波技术是一种更加智能化的噪声滤除方法，通过实时分析信号特征，动态调整滤波参数，以适应不断变化的噪声环境。这种技术在复杂多变的应用场景中表现出色，因为它能够根据实时信号的变化自动调整滤波器的特性，从而在不同的噪声条件下保持最佳的滤波效果。自适应滤波在通信、医学影像处理等领域有着广泛的应用，能够有效提高信号的可靠性和准确性。

（三）信号转换技术

信号转换技术是智能传感器技术中的核心环节，其基本原理涉及将物理量转换为电信号的过程，以便进行后续的处理和分析。这一转换过程通常需要考虑多种因素，包括物理量的特性、电信号的适配性以及转换过程中的精度和灵敏度等。通过使用先进的信号转换技术，可以有效地提高传感器系统的整体性能，从而满足不同应用场景的需求。信号转换技术的精确性直接关系到数据的可靠性和系统的稳定性，因此在设计过程中需要格外重视。

不同类型的信号转换技术，如模数转换和数模转换，在智能传感器中的应用场景各有不同。模数转换技术常用于将模拟信号转换为数字信号，以便在数字系统中进行进一步的处理和分析。数模转换技术用于将数字信号转换为模拟信号，适用于需要模拟信号输出的场合。在智能传感器系统中，这两种技术的结合使用可以实现信号的高效转换和处理，从而提升系统的整体性能和响应速度。

信号转换过程中对信号精度和灵敏度的影响是设计中的关键问题。高精度的信号转换可以确保数据的准确性，而高灵敏度则能保证系统对微弱信号的响应能力。通过优化设计，如选择合适的转换器件和优化电路设计，可以显著提升信号转换的质量。这种优化不仅提高了信号的转换精度，还能有效降低信号的噪声和失真，从而增强系统的可靠性和稳定性。

信号转换中的非线性失真问题是影响信号质量的重要因素之一。这种失真可能导致信号的偏差和误差，从而影响数据的准确性和系统的性能。为了减小非线性失真的影响，可以采用多种补偿方法，如采用校正算法和线性化技术。这些方法可以有效地补偿信号转换过程中的非线性误差，从而提高信号的质量和系统的可靠性。

三、低功耗设计技术

（一）低功耗电路设计

在智能传感器的设计中，低功耗电路设计是一个至关重要的环节。低功耗电路设计的基本原理在于通过优化电路结构和选择合适的元器件来降低功耗。这一过程不仅涉及电路设计的技术细节，还需要考虑设备在长时间运行时的稳定性。通过这种方式，设计者可以确保智能传感器在各种应用场景下的可靠性和耐用性。特别是在电池供电的传感器系统中，低功耗设计能够显著延长设备的使用寿命，从而减少维护和更换的频率。

为了进一步降低功耗，采用动态电压调整技术成为一种有效的方法。这种技术能够根据系统的负载需求实时调整电压，从而避免不必要的能耗。通过动态调节电压，系统可以在不同的工作状态下实现最佳的能效。这种策略不仅提高了系统的整体能效，还为智能传感器在复杂、多变的应用环境中提供了更大的灵活性和适应性。在实际应用中，这种技术的实施需要精确的电压监测和控制能力，以确保系统在不同负载条件下的稳定运行。

利用睡眠模式和唤醒机制是一种常用的低功耗设计策略。在电路设计中，设计者可以通过设置睡眠模式，让电路在不活动时进入低功耗状态，仅在需要时激活。这种机制显著延长了电池的寿命，特别是在传感器需要长时间待机的应用场景中。唤醒机制的设计需要考虑到响应速度和功耗之间的平衡，以确保系统在需要时能够快速恢复工作状态，同时保持最低的能耗。

在低功耗设计中，集成低功耗组件是一个重要的方面。通过使用低功耗运算放大器和微控制器，设计者可以在不损耗性能的前提下，显著减少整体电路的功耗。这些组件通常具有优化的电源管理功能和更低的静态功耗，使得它们在智能传感器应用中具有显著的优势。集成这些组件不仅可以提高电路的整体能效，还能简化设计和减少空间占用，这对于便携式和微型化传感器尤其重要。

（二）能量管理策略

在智能传感器技术的发展中，能量管理策略扮演着至关重要的角色。智能传感器的应用场景通常要求设备能够长时间运行而不需要频繁更换电池，因此，能量管理策略的设计显得尤为重要。实施动态功耗管理策略是其中的关键，通过根据设备的实时使用需求调整功耗状态，可以有效降低能耗并延长电池寿命。这种策略不仅提高了设备的使用效率，还在一定程度上减少了对环境资源的消耗，符合可持续发展的理念。

在能量管理策略中，采用能量收集技术是实现自供电的重要手段。通过利用太阳能、热能等环境中的可再生能源，智能传感器可以减少对外部电源的依赖，从而实现更长时间的独立运行。能量收集技术的应用不仅降低了设备的运行成本，还为传感器在偏远或难以接近的环境中的部署提供了可能性。这种技术的进步对于智能传感器的广泛应用起到了积极的推动作用。

优化传感器的工作周期是能量管理策略的重要组成部分。通过合理规划传感器的工作与休眠模式，可以有效降低待机功耗，提高整体能效。智能传感器在不需要连续监测的情况下，可以进入低功耗的休眠状态，而在需要采集数据时再快速唤醒。这样的工作模式不仅延长了设备的电池使用时间，还确保了在关键时刻传感器能够提供准确及时的数据支持。

多级能量管理系统的实施是为了实现最佳能耗效率。该系统通过实时监测电源状态，能够根据负载的变化自动调整工作模式。这种动态调整能力使得智能传感器能够在不同的工作环境中保持高效运行。多级能量管理系统的设计不仅提高了设备的能效，还为传感器的智能化管理提供了技术支持，使其能够更好地适应复杂多变的应用场景。

（三）休眠与唤醒机制

智能传感器技术的迅猛发展中，低功耗设计技术尤为重要，其中休眠与唤醒机制是关键技术之一。

休眠机制的基本原理是通过监测传感器的活动状态，在传感器不活动时自动进入低功耗模式，以延长电池的使用寿命。这种机制在智能传感器的设计中起到至关重要的作用，因为传感器通常需要长时间待机，而不间断的电力供应可能带来巨大的能耗压力。通过休眠机制，传感器可以在不需要全时监测的情况下，最大限度地减少能量的消耗，从而确保设备的持久运行。

唤醒机制是休眠机制的补充和延伸，其实现方式主要依赖于外部信号或内部定时器的触发，使传感器从休眠状态迅速恢复到工作状态。这种机制确保了传感器能够在需要实时监测时，迅速响应外部环境的变化，保持系统的灵活性和响应速度。唤醒机制的设计需要考虑多种因素，包括信号的强度、触发的条件以及恢复的时间，以确保传感器在唤醒后能够快速进入工作状态，而不影响监测的准确性和及时性。

休眠与唤醒机制在智能传感器中的应用实例非常丰富。例如，在智能家居系统中，传感器可以在无人时自动进入休眠模式，以节省能源；而当检测到人或其他活动时，迅速唤醒并开始监测。这种灵活的机制不仅提高了系统的能效，还增强了设备的智能化管理能力，使得智能家居系统能够更加高效地运行，并为用户提供更为舒适的生活体验。

从系统能效的角度来看，休眠与唤醒机制对整体系统的能效有着显著的影响。通过有效降低不必要的能耗，这一机制能够显著提升系统的能效比和电池寿命。尤其是在电池供电的传感器网络中，这种机制的应用能够减少电池的更换频率，降低维护成本并延长设备的使用寿命。这不仅有助于节省能源成本，也对环境保护具有积极意义。

在低功耗传感器的设计过程中，休眠与唤醒机制的优化策略是设计者需要重点考虑的内容。优化策略包括调整唤醒阈值和休眠时间，以实现最佳的能耗管理。通过对传感器的使用环境和应用场景进行深入分析，设计者可以根据具体需求设定合理的唤醒条件和休眠周期，从而在确保监测效果的同时，最大限度地降低能耗。

第二章 电子信息技术基础

第一节 信号处理与分析技术

一、信号采集与预处理技术

（一）传感器的选择与配置

在电子信息技术中，传感器的选择与配置是信号采集与预处理技术的关键环节。传感器的类型选择需依据具体应用需求进行，比如温度、压力或光照等不同环境参数的测量特性。对于温度测量，热电偶或热敏电阻可能是合适的选择，而压力测量则可能需要使用压电传感器或应变计。光照测量则可能涉及到光电二极管或光敏电阻的应用。传感器的选择不是对测量对象的简单匹配，而需考虑其在特定应用场景中的适应性和性能。

传感器的灵敏度与精度评估是确保其能够在预定工作范围内提供可靠数据输出的重要步骤。灵敏度是指传感器对输入信号变化的响应能力，而精度则是测量结果与真实值之间的接近程度。在实际应用中，传感器的灵敏度和精度需要根据具体的应用场景进行权衡。例如，在精密制造中，高精度传感器至关重要，而在某些环境监测中，灵敏度可能更为重要。评估传感器的灵敏度和精度需结合实验数据和技术指标进行综合分析。

传感器的工作环境适应性是其在不同环境条件下性能表现的体现。这包括极端温度、湿度以及电磁干扰等因素对传感器性能的影响。例如，在高温环境下，某些传感器可能会出现漂移或失效，而在高湿度环境中，传感器的电气性能可能受到影响。电磁干扰则可能导致信号失真或噪声增加。因此，在选择传感器时，必须充分考虑其在预期工作环境中的适应性，并通过实验验证其性能。

（二）数据采集系统设计

数据采集系统设计在电子信息技术中占据重要地位，其架构设计需要综合考虑传感器模块、数据处理单元和通信接口的合理布局与连接方式。传感器模块是系统的前端，负责将物理信号转换为电信号；数据处理单元则对这些信号进行初步的处理和分析；通信接口确保数据可以高效传输至后续处理或存储设备。在设计过程中，需要充分考虑各模块之间的兼容性和通信效率，以实现系统的最佳性能。尤其是在智能传感器技术与电子信息技术融合的背景下，系统设计的复杂性和多样性更为突出。

数据采集系统中的信号调理技术是确保信号质量的关键环节。信号调理涉及对采集信号的放大、滤波等处理，以确保信号达到可用标准。放大技术用于增强信号强度，使其适合后续处理，而滤波技术则用于去除信号中的噪声和干扰，从而提高信号的准确性和可靠性。随着电子信息技术的发展，信号调理技术不断创新，以适应不同应用场景的需求。在智能传感器领域，信号调理技术的进步显著提升了数据采集系统的性能和应用广度。

数据采集系统的实时性要求是评估系统性能的重要指标。实时性强调在数据采集和传输过程中对时间延迟的控制与优化，以确保系统能够在规定的时间内完成数据处理和传输。这对于需要快速响应的应用场景尤为重要，如工业自动化和智能交通等。实时性要求对系统的硬件和软件设计提出了更高的标准，尤其是在数据处理和通信协议的选择上，需要精确的时序控制和高效的算法支持，以满足实时处理的需求。

（三）信号去噪方法

信号去噪是信号处理中的一个关键步骤，其基本原理涉及识别和去除信号中的噪声，从而提高信号的质量。噪声通常来源于环境干扰、传感器本身的限制以及信号传输过程中的误差，这些因素会导致信号的失真和信息丢失。因此，去噪不仅是改善信号质量的必要手段，也是确保后续信号处理和分析准确性的前提。在智能传感器技术中，信号去噪的重要性尤为突出，因为传感器采集的数据直接影响到系统的整体性能和决策的准确性。

常用的信号去噪方法包括均值滤波、中值滤波和小波变换等。均值滤波通过对信号进行平均处理来减弱随机噪声，适用于平稳信号的处理；中值滤波通过选择信号中的中值来消除尖锐的噪声点，常用于图像处理和边缘检测；小波变换是一种多分辨率分析工具，能够在不同尺度上分离信号和噪声，适合处理非平稳信号。这些算法各有优缺点，需根据具体的信号特性和处理需求选择合适的去噪方法，以达到最佳的去噪效果。

自适应去噪技术是近年来发展迅速的一种方法，它通过实时分析信号的特性动态调整去噪参数，从而显著提升去噪效果。自适应去噪技术能够根据信号的变化自动选择最优的去噪策略，使其在各种复杂环境中保持良好的性能。这种技术在智能传感器系统中得到了广泛应用，尤其是在需要实时处理和高精度要求的场景中，通过自适应去噪，可以显著提高数据的准确性和可靠性。

（四）数据标准化处理

在现代数据分析中，数据标准化处理通过特定的数据变换，将数据转换到一个统一的尺度上，使得数据在不同设备和系统之间具有一致性和可比性。这种处理方法对于跨平台的数据整合尤为关键，因为不同的设备可能会产生量纲不同的数据，而标准化处理能够有效消除这些差异，确保数据的可比性和一致性，从而为后续的数据分析奠定基础。

在数据标准化处理中，常用的方法包括归一化、标准化和离散化等技术。归一化通常用于将数据缩放到一个特定的范围内，如［0，1］，这在需要保持数据比例关系的分析中尤为重要。标准化是将数据调整到均值为0，方差为1的正态分布上，以适应机器学习算法的要求。离散化是将连续数据转换为离散数据，适用于分类问题。这些方法各有其应用场景和优缺点，选择合适的方法取决于具体的分析需求和算法要求。

在智能传感器数据处理中，数据标准化的应用实例丰富多样。例如，在环境监测中，传感器采集的数据可能来自不同的传感器和地点，通过标准化处理，可以将这些数据统一到一个标准尺度上，从而提高数据集的可用性和分析效率。这不仅有助于提高数据的质量，还能在一定程度上减少传感器误差对分析结果的影响，增强数据分析的可靠性。

在进行数据标准化过程中，需考虑多个因素以确保其有效性和准确性。首先是数据类型，不同类型的数据可能需要不同的标准化方法。其次是数据的分布特征，了解数据的分布可以帮助选择合适的标准化技术。最后是应用场景，不同的应用场景可能对数据标准化有不同的要求。

二、时域与频域分析方法

（一）时域分析基础

时域分析作为信号处理的重要组成部分，主要研究信号在时间轴上的变化特征。通过对信号的时间序列进行分析，可以揭示信号的瞬时特性和动态变化。时域分析基础的理解对于电子信息技术的应用至关重要，因为它直接影响到信号的捕获、处理和解释。与频域分析相比，时域分析提供了更为直观的信号表现形式，能够直接反映信号随时间变化的过程。这种分析方法在许多实际应用中都具有不可替代的价值，尤其是在需要实时监测和快速响应的场景中。

在时域分析中，信号的幅度、频率和相位是三个核心参数。幅度代表信号的强度或大小，是信号能量的直接反映；频率描述信号变化的快慢，即单位时间内振动的次数；相位表示信号的初始状态或时间偏移。这些参数的准确测量对于信号分析和处理至关重要，通常采用示波器等仪器进行测量。通过对这些基本参数的分析，能够更深入地理解信号的本质特征，从而为后续的信号处理提供基础。

为了从时域信号中提取更有意义的特征，常用的技术包括峰值检测和过零率分析。峰值检测用于识别信号中的最大值和最小值，帮助判断信号的强度和变化趋势；过零率分析用于统计信号经过零点的次数，常用于分析信号的频率特性。这些特征提取技术在信号处理中扮演着重要角色，能够有效地提高信号分析的精度和效率，尤其是在复杂环境下的信号处理中。

时域分析在信号处理中的应用非常广泛，尤其是在噪声识别和故障诊断中表现出色。通过分析信号的时域特征，可以有效识别噪声的类型和来源，从而采取相应的抑制措施。此外，在设备故障诊断中，时域分析能够快速检测异常信号，帮助工程师及时发现和解决问题，避免设备损坏和生产中断。这些应用实例充分体现了时域分析在实际工程中的重要性和实用性。

（二）频域变换技术

频域变换技术是信号处理领域的重要组成部分，其核心在于将信号从时域转换到频域。通过这种转换，信号的频率成分得以清晰展现，便于深入理解信号的特性。频域分析的基本原理在于强调信号在频率域中的表示，这种表示方式能够揭示信号中频率成分的分布及其变化情况。通过频域分析，工程师可以识别信号中的关键频率成分，并据此进行信号特性的深入分析。频域变换技术在现代电子信息系统中占据着举足轻重的地位，尤其在信号检测与处理方面，其应用范围广泛。

傅里叶变换是频域分析的核心工具，它能够将时域信号转换为频域信号，使得频率成分的识别更加直观。傅里叶变换通过将信号分解为不同频率的正弦波，实现了对信号频率特征的全面揭示。这一过程不仅有助于信号的分析与处理，还为信号的压缩与传输提供了理论基础。在实际应用中，傅里叶变换被广泛用于音频信号处理、图像分析以及通信系统中，其优势在于能够有效地解析信号的频谱特性，为信号处理提供了强有力的支持。

频谱分析技术是频域变换技术的具体实现，它能够检测信号中的主要频率成分及其幅度变化。在故障诊断与监测中，频谱分析技术被广泛应用，其通过分析信号的频谱特性，帮助工程师识别设备运行中的异常现象。通过频谱分析，能够快速定位故障源，提升故障诊断的效率与准确性。此外，频谱分析技术还被应用于振动分析、声学信号处理等领域，其通过频谱特征的提取与分析，为设备的健康监测提供了有力的技术支持。

短时傅里叶变换技术是频域分析中的创新应用，专门用于非平稳信号的频域分析。短时傅里叶变换通过在时间轴上滑动窗函数，对信号进行局部傅里叶变换，从而提供时间频率信息。这种方法能够捕捉信号频率成分随时间的变化情况，为动态信号的分析提供了重要手段。在语音信号处理、地震波分析等领域，短时傅里叶变换技术因其能够提供细致的时间频率分析而被广泛采用，成为非平稳信号处理的重要工具。

（三）时频分析方法

时频分析方法是一种兼顾时间和频率两个维度的信号分析技术，能够揭示信号的瞬时频率特性。传统的时域或频域分析方法往往在处理非平稳信号时显得力不从心，而时频分析则通过联合表示，提供了一个更为全面的视角。其基本原理在于通过时频联合分布，捕捉信号在时间和频率上的变化特征，使得分析者能够更准确地描述信号的动态特性。这种方法在信号处理领域中具有重要的应用价值，尤其在处理瞬态信号和复杂的动态系统时，能够提供更为精准的分析结果。

小波变换是时频分析中的一种重要工具，能够实现信号的多尺度分析。与傅里叶变换不同，小波变换通过一系列的缩放和平移操作，能够适应不同频率成分的信号特征提取。这种多尺度分析能力使得小波变换在处理非平稳信号时表现出色，特别是在信号的边缘检测和特征提取中，能够提供比传统方法更为细致的分析。小波变换的灵活性和适应性，使其在图像处理、地震波分析和生物医学信号处理中得到了广泛的应用。

时频分析在非平稳信号处理中的应用，能够有效识别和分析信号在时间和频率上的变化。这种能力使得时频分析成为动态系统监测中的一项重要技术。

在电力系统、机械故障诊断和通信信号处理中，时频分析可以帮助工程师识别信号中的突发事件和瞬态变化，从而进行及时的故障预测和系统优化。这种分析方法在实时监控和动态调整中发挥着不可替代的作用，提升了系统的可靠性和安全性。

时频图的构建与解读是时频分析方法的一个重要环节。通过将信号的时频分布可视化，时频图能够直观地展示信号在时间和频率域的变化特征。分析者可以通过时频图识别信号的模式和特征，从而进行更为深入的信号分析与模式识别。这种可视化手段不仅提高了信号分析的效率，还为复杂信号的处理提供了新的思路和方法，广泛应用于语音信号处理、雷达信号分析等领域。

三、信号压缩与重构技术

（一）压缩感知理论

压缩感知理论作为现代信号处理领域的重要突破，旨在通过采样少量数据重构出高维信号，从而挑战传统奈奎斯特采样定理的限制。其基本原理强调信号的稀疏性，即大多数信号在某种变换域中可以用少数非零系数表示。通过设计合适的测量矩阵，压缩感知能够在采样阶段以远低于奈奎斯特速率的频率获取信号信息。这样不仅减少了采样数据量，也为后续信号处理环节提供了高效的基础。压缩感知理论的出现，为信号处理开辟了一条全新的路径，尤其在数据量庞大的场景应用中，显示出其独特的优势和潜力。

在智能传感器网络中，压缩感知技术的应用能够显著减少数据传输量，降低带宽需求，提高网络效率。智能传感器通常部署在资源受限的环境中，数据传输的能耗和带宽限制是其面临的主要问题。通过压缩感知技术，传感器可以在采集阶段直接对信号进行压缩处理，减少传输的数据量。这不仅降低了传感器的能耗，也减少了网络的带宽压力，使得传感器网络在复杂环境中能够更高效地运行。压缩感知的应用，不仅提升了传感器的性能，也为智能传感器网络的设计提供了新的思路。

压缩感知与信号重构算法之间存在密切关系，重构算法的性能直接影响到压缩感知的实际应用效果。信号的高效重构依赖于稀疏表示和优化技术，通过求解优化问题，能够从少量的采样数据中重构出原始信号。常用的重构算法包括匹配追踪、正交匹配追踪、基追踪等，这些算法利用信号的稀疏特性，结合优化方法，实现了信号的高精度重构。信号重构算法的不断发展，为压缩感知理论的应用提供了强有力的支持，使其在实际应用中能够获得令人满意的效果。

压缩感知的数学基础主要包括稀疏性理论和测量矩阵的设计，这些理论确保了信号重构过程的稳定性与准确性。稀疏性理论是压缩感知的核心，描述了信号在特定变换域中的稀疏特性。测量矩阵的设计是压缩感知实现的关键，不同的测量矩阵对信号采样和重构的效果有着直接影响。理想的测量矩阵应满足RIP（限制等距性质），以保证信号在压缩和重构过程中的信息不丢失。通过优化测量矩阵的设计，可以在减少采样数据量的同时，确保信号重构的精度和稳定性。

压缩感知在实时数据处理中的优势尤为显著，能够在动态环境中快速获取和处理信号，满足智能传感器的实时应用需求。实时数据处理要求系统能够在极短时间内对信号进行采集、压缩和重构，压缩感知技术的高效性正好契合这一需求。通过在采样阶段直接进行压缩处理，压缩感知减少了数据处理的复杂度，并提高了处理速度。这使得智能传感器在面对快速变化的环境时，能够及时响应，提供准确的数据支持。

（二）信号编码技术

信号编码技术在现代电子信息系统中扮演着至关重要的角色。它的基本原理涉及将模拟信号转换为数字信号，以便进行处理和传输。信号编码的核心在于通过对连续的模拟信号进行采样、量化和编码，将其转化为离散的数字信号形式。这一过程不仅使得信号更易于存储和传输，还为后续的信号处理提供了便利。数字信号相较于模拟信号具有更高的抗干扰能力，因此在复杂的信号处理环境中，信号编码技术的应用显得尤为重要。

在信号编码技术中，脉冲编码调制和差分脉冲编码调制是两种常用的编码方式。脉冲编码调制通过将信号的幅度进行量化，从而实现信号的数字化，是最基础的编码方式之一。而差分脉冲编码调制则在脉冲编码调制的基础上，利用信号的时间相关性，通过对信号变化量进行编码，进一步减少了数据量。这些编码方式在智能传感器中的应用广泛，通过有效的数据压缩与编码，使传感器能够在有限的带宽内传输更多的信息，提高了系统的整体效率。

信号编码中的数据压缩技术是提高传输效率的重要手段。通过编码减少数据冗余，可以在有限的带宽资源下传输更大量的信息。数据压缩技术的核心在于利用信号的冗余性，通过编码算法去除不必要的信息，从而减少数据量。常见的压缩技术包括无损压缩和有损压缩，两者在不同的应用场景下各有优劣。无损压缩保证了数据的完整性，而有损压缩则在一定程度上牺牲了信号质量以换取更高的压缩比。

在信号编码过程中，误差检测与纠正机制是确保数据传输准确性的重要环节。由于传输环境的复杂性，信号在传输过程中可能会受到各种干扰而导致误码。因此，采用适当的误差检测与纠正技术，可以有效地提高信号的传输可靠性。常用的方法包括奇偶校验、循环冗余校验以及汉明码等。这些技术通过在数据中加入冗余信息，使得接收端能够检测并纠正一定范围内的传输错误，确保信号的完整性。

信号编码标准的制定与应用对于满足不同应用场景的信号编码格式需求具有重要意义。随着电子信息技术的不断发展，各种应用场景对信号编码的要求也在不断变化。因此，制定统一的编码标准可以提高不同系统之间的兼容性和互操作性。在选择合适的编码方案时，需要综合考虑传输带宽、信号质量、系统复杂性等多方面因素，以满足特定应用的需求。

（三）信号重构算法

信号重构算法在现代电子信息技术中占据重要地位。其基本原理在于利用信号的稀疏性，通过优化技术从少量采样数据中恢复原始信号。稀疏性是信号在某种变换域中仅有少数非零系数的特性，这一特性使得信号可以通过少量采样进行有效重构。在实际应用中，信号的采样过程常常受到限制，因此如何从有限的采样数据中准确重构信号成为研究的热点。通过构建优化问题并求解，可以在保证信号重构精度的同时，减少对采样数据量的需求，从而实现高效的数据处理。

基于压缩感知的信号重构方法是信号处理领域的一个重要突破。压缩感知理论表明，通过设计适当的测量矩阵，可以在采样阶段以远低于传统奈奎斯特采样率的速率获取信号信息。这种方法的核心在于测量矩阵的设计和重构算法的选择，使得信号可以在低采样率下实现高效恢复。压缩感知不仅在理论上提出了新的信号处理框架，也在实践中展示了其在数据压缩和传输中的潜力，尤其是在资源受限的环境中，提供了一种有效的解决方案。

信号重构算法中的迭代优化技术是提高重构精度的重要手段。通过迭代过程，可以逐步逼近原始信号，提高重构结果的精确性。常用的迭代优化技术包括梯度下降法、交替方向乘子法等，这些方法通过不断更新估计值，逐步减少重构误差。迭代优化技术的优势在于其灵活性和适应性，可以根据不同的信号特性和应用需求进行调整，从而在不同的应用场景中达到最优的重构效果。

在信号重构过程中，正则化技术被广泛应用，以改善重构结果的稳定性和鲁棒性。正则化项的引入有助于约束解的搜索空间，防止过拟合问题的发生。常见的正则化方法包括 L1 正则化、L2 正则化等，这些方法通过对解的某些特性施加约束，确保重构结果的合理性和稳定性。正则化技术的应用不仅提高了信号重构的精度，还增强了算法在噪声环境下的鲁棒性，使其在实际应用中具有更高的实用价值。

第二节　数据通信与网络技术

一、数据通信的基本原理

（一）信号传输方式

信号传输方式在数据通信中扮演着至关重要的角色。信号传输的基本类型主要包括模拟信号和数字信号。模拟信号是一种连续变化的信号，其特点是能够在一定范围内取任意值，适用于音频和视频等需要连续变化的场景。数字信号则以离散的数值形式存在，通常用于计算机和数字设备之间的数据传输，具有抗干扰能力强、传输稳定性高等特点。理解这两种信号的定义及特点，是掌握数据通信基础的关键。

在选择信号传输介质时，光纤、铜线和无线电波是三种常见的选择。光纤以其高带宽和低损耗的优点，适用于远距离和高速数据传输，但成本较高。铜线在短距离传输中具有成本低廉的优势，但其带宽和抗干扰能力相对较弱。无线电波提供了灵活的无线传输方式，适用于移动通信和广域网络覆盖，但受限于频谱资源和环境干扰。不同的传输介质各有优缺点，选择时需根据具体应用场景进行权衡。

信号传输中的调制技术是提高传输效率和质量的重要手段。幅度调制（AM）、频率调制和相位调制是三种常见的调制方式。幅度调制通过改变载波的幅度来传输信号，适用于中长波广播。频率调制通过改变载波的频率来传输信号，具有较强的抗干扰能力，常用于频率调制广播和电视传输。相位调制通过改变载波的相位来传输信号，适用于数字通信系统。不同调制方式的应用取决于传输环境和信号特性。

带宽管理在信号传输中至关重要，直接影响到信号传输的速率和质量。带宽是指信号在单位时间内可以传输的信息量，带宽越大，信号传输的速率越高。有效的带宽管理可以优化网络资源的使用，提高数据传输的效率和可靠性。在现代通信系统中，带宽管理技术已经成为提升网络性能的重要手段。

（二）数据编码与调制

数据编码与调制在现代通信系统中扮演着至关重要的角色。数据编码的基本概念在于将信息转换为适合传输的格式，这一过程至关重要，因为它直接影响到数据传输的效率和可靠性。数据编码技术的多样性使其能够适应不同的传输需求和环境。常见的数据编码技术包括曼彻斯特编码和 NRZ 编码，这些技术在提高数据传输的可靠性方面发挥了重要作用。曼彻斯特编码通过在每个比特周期内进行电平转换来表示数据，能够有效地解决同步问题，而 NRZ 编码则以其简单性和高效性在许多应用中得到广泛使用。

调制技术的基本原理涉及将数字信号转换为适合传输的模拟信号，这一过程对数据的有效传输至关重要。调制的实现是通过改变载波信号的某些特性，如幅度、频率或相位，以便在传输介质中高效地传递信息。调制方式的分类主要包括幅度调制、频率调制和相位调制，每一种方式都有其特定的应用场景和优势。幅度调制常用于广播电台信号传输，频率调制因其抗干扰能力强而广泛应用于音频广播和电视传输，相位调制则在数据通信中被广泛使用，尤其是在数字传输系统中。

在智能传感器数据传输中，数据编码与调制的应用尤为关键。智能传感器通常需要在无线环境中有效传递数据，而这一过程需要可靠的编码和调制技术来确保数据的完整性和准确性。通过适当的编码方式，可以提高数据的抗干扰能力，而调制技术则确保了信号在多变的无线环境中稳定地传输。这些技术的结合应用，能够大幅提升智能传感器系统的性能，使其在各种复杂环境下都能保持高效的运行。

（三）误码检测与纠正

误码检测与纠正在数据通信中扮演着至关重要的角色，尤其在智能传感器数据传输中，其重要性不言而喻。误码检测的基本原理是通过特定算法识别传输过程中产生的错误数据。数据在传输过程中，由于噪声、干扰等原因，可能会发生错误，这就需要有效的检测手段来识别并处理这些错误，以确保数据的准确性和完整性。误码检测技术通过对数据进行编码和分析，能够在数据接收端识别出传输中的错误，从而为后续的纠正过程提供基础。

常用的误码检测技术包括奇偶校验、循环冗余校验和哈希校验等。奇偶校验是一种最简单的误码检测方法，通过在数据中添加一个校验位来实现，但其检测能力有限。循环冗余校验是一种更为复杂和强大的方法，它利用多项式除法来检测数据中的错误，广泛应用于计算机网络和存储设备中。哈希校验通过对数据进行哈希运算生成一个固定长度的校验码，用于检测数据完整性，常用于文件传输和数据存储的完整性验证。这些技术各有优劣，适用于不同的数据传输场景，选择合适的检测技术是确保数据传输可靠性的关键。

误码纠正技术的基本概念是通过冗余信息恢复错误数据，以确保数据的完整性。纠正技术不仅要检测出错误，还需要有能力恢复或重建出正确的数据。常用的误码纠正技术包括汉明码、里德所罗门码等，这些技术通过增加冗余信息，使得在接收端能够识别并纠正一定数量的错误。误码纠正技术在数据传输中尤为重要，因为它能够在不需要重新发送数据的情况下修复错误，极大地提高了传输效率和数据的完整性。

前向纠错（FEC）技术在数据传输中的应用尤为突出，它能够在数据传输过程中实时纠正错误，提升通信系统的可靠性。前向纠错技术通过在发送端加入冗余信息，使得接收端能够在不需要反馈的情况下纠正错误。这种技术特别适用于需要高可靠性和低延迟的数据传输场景，如卫星通信、视频流传输等。前向纠错技术的应用能够显著提升智能传感器网络的可靠性，确保在复杂无线环境中数据的准确传输。

二、网络协议与标准

（一）开放系统互联模型

开放系统互联模型即 OSI 模型，是国际标准化组织（ISO）为计算机网络互联设计的一个概念模型。它将网络通信过程分为七个层次：物理层、数据链路层、网络层、传输层、会话层、表示层和应用层。每一层都承担特定的功能，从物理介质的信号传输到应用程序的交互，形成一个完整的通信链路。物理层负责比特流的传输，数据链路层确保数据帧的可靠传递，网络层实现不同网络间的数据转发，传输层提供端到端的通信服务，会话层管理会话连接，表示层负责数据格式化和加密，应用层提供用户接口。通过这种分层结构，OSI 模型为网络设计提供了一个清晰的框架。

OSI 模型在网络通信中的重要性体现在其标准化的框架上，促进了不同网络设备和协议之间的互操作性。由于网络设备来自不同的制造商，协议的实现也各不相同，OSI 模型通过定义标准接口和服务，使得不同设备和协议能够在同一网络中协同工作。这种标准化不仅提高了网络的兼容性，还为网络工程师提供了一个共同的语言和工具，以便在设计、实现和维护网络时能更好地进行沟通和协作。

OSI 模型的分层设计思想使得网络协议的开发与实现可以独立于具体的硬件和软件平台。这种独立性增强了系统的灵活性与可扩展性，使得网络设计者可以在不影响其他层的情况下，对某一层进行修改或升级。这对于快速变化的技术环境尤为重要，因为它允许网络系统在面对新技术和新需求时，能够快速适应并进行调整，从而保持其先进性和竞争力。

在智能传感器网络中，OSI 模型的应用确保了传感器数据的有效传输与处理。智能传感器网络通常由大量不同类型的传感器组成，它们需要在一个统一的网络中进行数据传输和共享。OSI 模型提供的标准化框架支持不同传感器间的兼容性与数据共享，确保了传感器网络的稳定运行和高效数据处理。通过分层结构，各种传感器设备可以无缝集成到网络中，提供多样化的功能和服务。

（二）TCP/IP 协议

TCP/IP 协议是现代计算机网络通信的基石，它为网络设备之间的数据交换提供了标准化的框架。作为互联网的核心协议套件，TCP/IP 协议通过其分层结构，确保数据能够在复杂的网络环境中准确、及时地传递。其发展起源可以追溯到 20 世纪 70 年代，自此不断演进，成为全球网络通信的通用语言。

TCP/IP 协议的基本架构分为四个层次：链接层、网络层、传输层和应用层。其中，网络层负责数据包的寻址和路由，确保数据可以在不同网络之间传输。传输层则提供端到端的通信管理，主要包括 TCP 协议和 UDP 协议，负责数据的分段和重组。应用层直接为用户提供各种网络服务，如 HTTP、FTP 等。通过这种功能划分，TCP/IP 协议能够高效地管理数据在网络中的传输，确保信息的准确到达。

TCP 协议以其可靠性著称，主要通过三种机制来保障数据传输的完整性和准确性。首先是数据分段，将大块数据分割成适合传输的小段，便于管理和传送。其次是确认应答机制，接收方在接收到数据后会发送确认信息，确保发送方知晓数据已成功传送。最后是重传机制，当数据在传输过程中丢失或损坏时，发送方会重新发送数据，直到确认接收方成功接收为止。这些机制共同作用，使得 TCP 协议能够在不可靠的网络环境中提供可靠的数据传输服务。

IP 协议在 TCP/IP 协议栈中承担着关键的角色，负责数据包的寻址和路由。每一个网络设备都被分配一个唯一的 IP 地址，以确保数据能够准确地找到目标设备。路由功能通过动态路由协议，如 OSPF 和 BGP，智能地选择最佳路径进行数据包的转发，以提高网络的效率和可靠性。IP 协议的这些功能使得跨网络的数据传输成为可能，推动了全球信息化的进程。

TCP/IP 协议的设计初衷之一就是实现不同设备和操作系统之间的互操作性。通过标准化的协议定义，TCP/IP 能够支持各种硬件和软件平台的无缝通信。这种互操作性不仅促进了信息的共享和交流，也推动了互联网的普及和发展。无论是 Windows、Linux 还是其他操作系统，TCP/IP 协议都能确保它们在同一网络中顺畅地进行数据交换。

（三）常见网络标准

在现代电子信息技术中，网络标准在确保设备之间的互联互通中起着至关重要的作用。网络标准不仅定义了通信协议，还规定了数据交换的格式、传输速率和安全性等方面，以实现不同设备和系统之间的兼容性。随着物联网和智能传感器技术的快速发展，网络标准的应用范围不断扩大，涵盖了从家庭自动化到工业监控的各个领域。这些标准为构建高效、可靠和安全的网络环境提供了基础。

IEEE802.11 标准是无线通信领域最为广泛应用的标准，主要用于构建无线局域网。该标准支持高数据传输速率和灵活的网络拓扑，使其成为家庭和商业环境中无线网络的首选。在 IEEE802.11 标准的演进历程中，不断引入新的技术以提高数据传输速率、覆盖范围和安全性。例如，最新的 802.11ax 标准通过优化频谱利用和引入多用户多输入多输出技术，大大提升了网络的整体性能和用户体验。

IEEE802.15.4标准专为低功耗无线个人局域网设计，适用于需要短距离通信的智能传感器和物联网设备。该标准的低功耗特性使其在电池供电的设备中具有显著优势，延长了设备的使用寿命。此外，IEEE802.15.4标准支持灵活的网络拓扑结构，如星型、树型和网格型网络，能够满足不同应用场景的需求。由于其高效的能量管理和可靠的通信性能，该标准在智能家居、工业自动化和环境监测等领域得到了广泛应用。

Zigbee协议是基于IEEE802.15.4标准开发的一种无线通信协议，专为低功耗、低数据速率和短距离应用而设计。其主要特点是支持大规模设备网络的自组织和自愈能力，使其成为家庭自动化和工业监控中的理想选择。Zigbee协议的低功耗特性使其在需要长时间稳定运行的场景中表现出色，同时，其灵活的网络架构能够支持多种应用场景的定制化需求。

MQTT协议是一种轻量级的消息传递协议，特别适合低带宽和高延迟的网络环境。在物联网设备之间的通信中，MQTT协议通过其发布/订阅模式提供了一种高效的消息分发机制。该协议的设计初衷是为了在不可靠的网络条件下实现可靠的消息传递，因此在需要实时数据传输的物联网应用中得到了广泛应用。其简单的实现和低资源占用使得MQTT成为物联网开发者的首选协议之一。

约束应用协议（CoAP）是一种专为物联网设备设计的网络协议，采用了类似于HTTP的REST架构，但更适合低功耗和低带宽的应用场景。CoAP的设计目标是提供一种轻量级的协议，能够在资源受限的设备上高效运行。其支持的可靠消息传输和灵活的请求/响应模型，使得CoAP在智能传感器网络和远程监控系统中得到了广泛应用。通过与其他协议的集成，CoAP为物联网生态系统提供了一个强大的互操作性解决方案。

三、无线通信技术

（一）无线信号传输

无线信号传输是现代通信技术的核心，广泛应用于移动通信、卫星通信和无线局域网等领域。其基本原理依赖于电磁波的传播特性，电磁波在传播过程中会受到环境的影响，从而表现出不同的传播特性。电磁波在不同频率下的传播特性各异，低频信号具有较强的穿透能力，适用于长距离通信，而高频信号则具备较高的带宽，适合高速数据传输。通过深入理解这些特性，可以优化无线信号的传输效率，为各种应用场景提供可靠的通信保障。

无线信号传输的基本原理主要涉及电磁波的传播特性。电磁波是无线信号传输的载体，其传播特性在不同频率下表现出显著差异。低频电磁波能够穿透障碍物，适合于需要长距离传输的场合，例如广播通信。然而，低频信号通常带宽较窄，限制了数据传输速率。高频电磁波具备较高的带宽，能够支持高速数据传输，但其穿透能力较差，容易受到环境的影响。理解和应用这些传播特性是设计高效无线通信系统的基础。

无线信号传输中，为了提高信道的利用率，采用了多种复用技术。频分复用通过将可用频谱划分为多个子频段，每个子频段用于传输独立的信号，从而实现多路信号的同时传输。时分复用通过将时间划分为多个时隙，不同的信号在不同的时隙内传输。码分复用通过为每个信号分配不同的编码，实现多个信号在同一频带内的同时传输。这些复用技术有效提高了信道的利用率，满足了多用户同时通信的需求。

调制技术在无线信号传输中扮演着重要角色，影响着信号的质量和传输效率。幅度调制通过改变载波的振幅来传递信息，适用于简单的通信系统。频率调制通过改变载波的频率传递信息，具有较强的抗干扰能力。相位调制通过改变载波的相位传递信息，能够在有限带宽内传输更多的信息。不同的调制技术在不同的应用场景中各有优势，合理选择调制技术是保证信号质量的关键。

无线信道的特性对信号传输质量有重要影响。多径效应是指信号通过不同路径到达接收端，导致信号的叠加和干扰。衰落是由于信号在传播过程中能量的损耗，导致信号强度减弱。干扰来自其他信号源或环境噪声，对信号质量产生负面影响。为解决这些问题，通常采用技术手段如空间分集、均衡器和干扰抑制技术，以提高信号的传输质量和可靠性。

（二）移动通信技术

移动通信技术是现代通信领域的核心，它通过无线电波实现信息的传输，极大地改变了人们的生活和工作方式。其发展起源于 20 世纪初的无线电技术，经过多次技术革新，如今已广泛应用于全球范围内。移动通信技术的进步不仅提高了通信的便利性和效率，还推动了其他相关技术的创新和发展。通过对移动通信技术的深入研究，可以更好地理解其在当代社会中的重要角色及未来的发展趋势。

移动通信技术的基本架构由基站、终端设备和核心网络组成，各部分之间相互作用以实现高效的信息传输。基站负责无线信号的发射和接收，是连接终端设备与核心网络的桥梁。终端设备包括手机、平板电脑等用户设备，负责接收和发送用户数据。核心网络是整个移动通信系统的中枢，负责数据的路由和管理。各组件的协同运作确保了移动通信的稳定性和高效性，为用户提供了流畅的通信体验。

频谱管理在移动通信技术中至关重要，因为频谱资源有限且需求不断增长。有效的频谱管理能够优化频谱资源的分配，提高通信质量和容量。通过先进的频谱管理策略，可以减轻频谱拥塞，提升网络的整体性能。频谱管理不仅涉及频谱的分配，还包括频谱的共享和回收，确保资源的高效利用。在国内外比较中，不同国家和地区的频谱管理政策各异，影响了移动通信技术的应用和发展。

信号处理技术在移动通信网络中扮演着关键角色，其目的是提升信号质量和增强抗干扰能力。通过先进的信号处理算法，如多输入多输出技术和信道编码技术，可以在复杂的无线环境中有效地传输信号。这些技术的应用提高了数据传输速率和通信可靠性，满足了用户对高质量通信服务的需求。信号处理技术的发展推动了移动通信网络的性能提升，为未来通信技术的创新奠定了基础。

网络切片技术是移动通信技术中的一种创新，能够根据不同应用需求动态分配网络资源。通过网络切片，运营商可以在同一物理网络上创建多个虚拟网络，以满足不同业务的特定需求。这项技术提高了网络的灵活性和效率，使得移动通信网络能够更好地支持多样化的应用场景。网络切片技术的发展为5G网络的部署提供了强有力的支持，促进了移动通信技术的进一步演进。

（三）卫星通信技术

在现代信息社会中，卫星通信技术利用人造卫星作为中继站，实现地面与地面、地面与空中之间的信号传输。这种技术的出现，极大地扩展了通信的覆盖范围，尤其在地理条件恶劣或基础设施薄弱的地区，提供了可靠的通信手段。卫星通信不仅在传统的语音和数据传输中发挥作用，还在现代智能传感器网络中承担着重要的任务，特别是在远程监测和实时数据传输方面，彰显了其不可替代的价值。

卫星通信系统的基本原理是利用卫星作为中继点，将信号从一个地面站传输到另一个地面站或空中平台。卫星通信系统一般由地面站、卫星及其轨道类型组成。静止轨道卫星由于其相对于地球的静止特性，能够提供连续的覆盖和稳定的通信信号，而低轨道卫星则以其低延迟和高数据速率的特点，适合用于实时通信和高频率的数据传输。这些轨道类型的选择和组合决定了卫星通信系统的覆盖范围和性能。

在智能传感器网络中，卫星通信技术的应用极为广泛。卫星通信为远程监测提供了高效的解决方案，尤其是在海洋、极地等偏远地区，能够实现实时的数据传输和监控。此外，卫星通信在灾害监测、环境保护和资源管理等领域也发挥着重要作用。通过卫星网络，传感器设备可以实现与中心控制系统的实时通信，确保数据的及时性和准确性，从而提高系统的整体响应能力和效率。

在卫星通信中，调制与编码技术是提高信号质量和抗干扰能力的关键手段。通过选择适当的调制方式，如相位调制、频率调制等，可以有效地提高信号的传输效率和可靠性。同时，先进的编码技术，如卷积编码和 Turbo 码，能够显著增强信号的抗干扰能力，减少误码率。这些技术的应用，确保了卫星通信在复杂环境下仍能保持高质量的数据传输。

四、网络安全与加密技术

（一）数据加密方法

随着信息技术的发展，数据加密技术不断演进，以应对日益复杂的安全威胁。对称加密方法是最早出现的加密技术之一，其基本原理是使用相同的密钥进行数据加密和解密。这种方法因其高效的加密速度和较低的资源消耗，特别适用于大规模数据传输的场景。然而，对称加密的主要挑战在于密钥管理，尤其是在多用户环境中，如何安全地分发和存储密钥成为一个重要课题。

非对称加密技术则通过公钥和私钥的配对使用，提供了一种解决密钥管理问题的方法。公钥可公开用于数据加密，而私钥则由接收者保密用于解密，从而确保数据传输的安全性和身份验证。这种加密方式的安全性基于数学难题，如大数分解或离散对数问题，尽管其加密速度较慢，但在安全性要求较高的场合，非对称加密仍然是首选。非对称加密技术广泛应用于数字签名与证书的生成，确保通信双方的身份真实性。

哈希函数在数据完整性验证中的应用不可或缺。通过生成固定长度的哈希值，哈希函数能够有效地检测数据在传输过程中是否被篡改。任何微小的输入变化都会导致哈希值的巨大差异，这一特性使其成为校验数据完整性的重要工具。哈希函数广泛应用于文件完整性校验、密码存储以及数字签名等领域，确保数据在传输和存储过程中的安全性。

数字证书为网络通信提供了身份认证和加密通信的基础。它通过权威机构签发，包含持有者的公钥和身份信息，确保信息在网络传输中的安全性。数字证书广泛应用于HTTPS协议中，用户可以通过浏览器验证网站的真实性，防止中间人攻击。随着网络安全需求的增长，数字证书在电子商务、在线支付和虚拟专用网络等领域的应用越发广泛。

（二）网络攻击防护

网络攻击防护在现代信息系统中扮演着至关重要的角色。随着智能传感器网络的广泛应用，其安全性问题日益受到关注。网络安全策略的制定是网络攻击防护的基石，其中包括风险评估、威胁识别和安全控制措施的实施。通过全面的风险评估，识别潜在的威胁和脆弱性，可以为智能传感器网络的安全保护提供坚实的基础。安全控制措施的实施，如加密技术的应用和访问控制策略的制定，能够有效地保护网络免受攻击，确保数据的完整性和机密性。

入侵检测系统的应用是网络攻击防护的重要组成部分。通过实时监控网络流量，入侵检测系统能够识别和响应潜在的网络攻击，从而增强系统的安全性。这种系统不仅能够检测已知的攻击模式，还可以通过机器学习和数据分析技术识别新的攻击方式。入侵检测系统的有效实施可以显著提高网络的安全防护能力，为智能传感器网络提供更为稳固的安全保障，防止恶意攻击者的入侵和破坏。

防火墙技术在网络安全中发挥着关键作用。通过建立边界防护机制，防火墙控制数据的流入和流出，防止未授权访问和数据泄露。它通过过滤不可信的流量，确保只有经过验证的数据包才能进入网络。现代防火墙技术结合了状态检测和深度包检测功能，能够更加精确地识别和阻止潜在的网络威胁，为智能传感器网络提供强有力的安全屏障，确保其稳定运行。

安全更新与补丁管理是防止网络攻击的一项重要措施。定期更新软件和固件，修补已知漏洞，可以显著降低被攻击的风险。随着网络攻击手段的不断演变，保持系统的最新状态是确保网络安全的必要条件。通过自动化的更新机制和严格的变更管理流程，网络管理员能够及时应对安全威胁，减少系统被攻破的可能性，保障智能传感器网络的安全性。

（三）身份认证技术

身份认证技术在现代信息系统中扮演着至关重要的角色，是确保系统安全和数据保护的基石。身份认证技术的基本定义可以概括为通过验证用户或设备的身份，确保只有授权实体能够访问系统资源。这一技术在保护敏感信息、防止数据泄露方面发挥着不可替代的作用。随着信息技术的不断发展，身份认证技术也在不断演进，以应对日益复杂的安全威胁和挑战。

常见的身份认证方法包括用户名和密码、智能卡、指纹识别等，每种方法都有其独特的优缺点及适用场景。用户名和密码是最传统的认证方式，易于实现但安全性较低，容易受到暴力破解和钓鱼攻击。智能卡通过物理介质提供更高的安全性，但有丢失或被盗的风险。指纹识别作为生物识别的一种，提供了便捷且相对安全的认证方式，但在某些情况下可能会受到环境因素影响。选择合适的身份认证方法，需要综合考虑安全性、便利性和成本等多方面因素。

多因素认证的概念是通过结合多种认证方式来提高系统安全性，降低被攻击的风险。多因素认证通常要求用户提供两种或多种不同类别的认证信息，例如密码加上指纹或智能卡。这种方法显著增加了攻击者成功突破认证的难度，因为即便某一认证要素被攻破，攻击者仍需突破其他要素。多因素认证广泛应用于金融、政府和企业等对安全性要求极高的领域，成为现代身份认证技术的重要发展方向。

生物识别技术在身份认证中的应用日益广泛，通过指纹、面部识别和虹膜扫描等生物特征实现高安全性认证。与传统方法相比，生物识别技术具有唯一性和难以伪造的优点，能够有效防止身份盗用。然而，生物识别技术的应用也面临着隐私保护和数据安全等问题，需要在技术实现和法律法规上进行有效的监管和保护。随着技术的不断进步，生物识别在身份认证中的应用将更加普及和成熟。

身份认证技术在智能传感器网络中的重要性不容忽视，确保设备间的安全通信和数据共享，防止未授权访问是其核心目标。在智能传感器网络中，身份认证技术不仅要保证数据的机密性和完整性，还需要具备高效性和灵活性，以适应不同应用场景的需求。

第三节　嵌入式系统与微电子技术

一、嵌入式系统的基本组成与架构

（一）处理器与控制单元

处理器与控制单元是嵌入式系统的核心组件，负责执行指令和管理系统资源。处理器作为嵌入式系统的“大脑”，其性能直接影响系统的整体效率。在选择处理器时，需要根据具体应用场景的需求，综合考虑性能、功耗和成本。例如，在便携式设备中，低功耗处理器是关键，而在高性能计算需求的场景下，处理器的计算能力则是首要考虑因素。控制单元负责系统的逻辑控制和数据处理，确保系统各部分的协调运作。它通过执行预设的控制算法，实现数据采集、处理和输出的功能。

处理器的类型与选择在嵌入式系统设计中至关重要。常见的处理器类型包括微控制器、数字信号处理器和应用处理器。微控制器以其低成本和低功耗被广泛应用于简单的控制任务；数字信号处理器则因其强大的数据处理能力，常用于需要大量数据处理的应用，如音频和视频信号处理；应用处理器适用于复杂的嵌入式系统，如智能手机和平板电脑，支持多任务处理和高分辨率图形显示。根据应用场景选择合适的处理器类型，能够有效优化系统的性能与资源利用。

控制单元的功能划分是嵌入式系统设计中的重要环节，它决定了系统的运行效率与可靠性。控制单元通常需要实现数据采集、处理与控制逻辑的功能。数据采集模块负责从传感器获取环境数据，处理模块对采集的数据进行分析和计算，而控制逻辑模块则根据处理结果执行相应的操作。这种功能划分不仅提高了系统的处理效率，还增强了系统的模块化设计，使得系统更易于维护和升级。

处理器与传感器的接口设计在嵌入式系统中尤为重要，它关系到数据传输的高效性与实时性。接口设计需要考虑传感器的数据格式、传输速率以及系统的实时性要求。常用的接口协议包括 I2C、SPI 和 UART 等，它们各自具有不同的优缺点。I2C 适用于需要多设备通信的场景，SPI 因其高速传输能力被广泛应用于高速数据传输场合，而 UART 则以其简单易用的特点被广泛应用于串口通信。合理选择接口协议，能够有效提高数据传输的效率和可靠性。

（二）存储器与接口

嵌入式系统的存储器与接口是其核心组成部分，直接影响系统的整体性能和功能实现。存储器作为数据存储和指令执行的载体，其类型和选择至关重要。随机存取存储器、只读存储器及闪存是嵌入式系统中常用的存储类型。随机存取存储以其快速的读写能力和易变性适用于需要频繁数据更新的场景；只读存储器因其稳定性和持久性被用于存储固件或不变的数据；闪存结合了两者的优势，提供了非易失性的存储空间，并且读写速度较快，适合于需要存储大量数据的应用。不同存储器的性能差异在嵌入式系统中表现为功耗、成本和速度上的不同权衡，因此在设计时需根据具体应用需求进行合理选择。

存储器的读写速度与延迟对于嵌入式系统的性能有着直接的影响。在实时数据处理需求不断增加的背景下，选择合适的存储器以满足系统的响应速度变得尤为重要。读写速度快的存储器可以显著提高数据处理效率，减少系统延迟，确保系统在高负载下仍能稳定运行。为此，在嵌入式系统设计中，工程师需要综合考虑存储器的访问速度、带宽以及系统架构，以在性能和成本之间取得最佳平衡。

存储器的容量规划与管理也是嵌入式系统设计中的关键环节。合理配置存储资源不仅能优化数据存储与处理效率，还能有效降低系统功耗和成本。在嵌入式系统中，存储器的容量需求通常取决于应用程序的复杂性和数据量。因此，工程师需要在设计初期进行详细的容量规划，确保存储器能够满足系统的长期需求，并为未来的扩展留有余地。此外，动态内存管理技术的应用可以提高存储器的利用率，避免资源浪费。

接口设计在嵌入式系统中同样具有重要性，尤其是在与传感器、外设及其他模块的连接上。接口的设计直接关系到数据传输的稳定性与兼容性，影响系统的整体性能。常见的接口类型包括 I2C、SPI、UART 等，每种接口都有其特定的适用场景和优缺点。例如，I2C 接口适用于需要低速率、短距离通信的场合，而 SPI 接口则因其高速率和全双工通信能力被广泛应用于需要快速数据传输的系统中。

二、微电子技术的核心原理与应用

（一）半导体材料与器件

半导体材料在现代电子技术中扮演着至关重要的角色，独特的导电性特征使其成为电子器件的基础。半导体材料的导电性介于导体与绝缘体之间，通过外加电场或光照等方式可以改变其导电状态，这种特性使其成为构建各类电子器件的理想材料。此外，半导体材料的带隙特性决定了其能量转换效率，影响着器件的能耗和性能。温度特性影响半导体材料的稳定性和可靠性，尤其在高温或低温环境下的应用中，需要特别考虑其温度响应。

二极管和晶体管是半导体器件中最常见的两种类型。二极管利用半导体材料的单向导电性，常用于整流、信号调制和保护电路中。晶体管是放大和开关电路的核心组件，其通过小信号控制大电流，实现信号放大和快速开关功能。光电器件，如光电二极管和光电晶体管，利用半导体材料的光电效应，将光信号转换为电信号，广泛应用于光通信、光检测和光电转换领域。这些器件在电路中的功能与作用直接影响电子系统的性能和效率。

掺杂技术是提升半导体材料电导率的关键手段，通过在纯半导体材料中引入少量杂质原子，可以显著改变材料的导电特性。掺杂元素的类型和浓度直接影响半导体的载流子浓度，从而调节其导电性。例如，n 型半导体通过掺入施主杂质增加电子浓度，而 p 型半导体则通过掺入受主杂质增加空穴浓度。掺杂技术不仅影响材料的基本电导率，还影响器件的开关速度、击穿电压和噪声性能，是设计高性能电子器件的重要工艺。

封装技术在半导体器件的应用中至关重要。它不仅提供机械保护，防止器件在物理环境中受到损坏，还通过有效的热管理确保器件在工作过程中保持稳定的温度。在电气连接方面，封装技术保证了器件与外部电路的可靠连接，减少信号损耗和电磁干扰。现代封装技术的发展，使得器件能够在更小的体积内实现更高的集成度和更好的性能，适应复杂多变的应用环境，提升了电子系统的整体可靠性和使用寿命。

（二）集成电路设计

集成电路设计是现代电子信息技术的基石，其重要性不言而喻。随着技术的进步，集成电路设计的复杂性不断增加，设计者需要遵循一系列基本原则以确保设计的高效性和可靠性。模块化设计是其中一个核心原则，通过将复杂的电路系统分解为多个功能模块，设计者能够更容易地进行设计和调试。此外，模块化设计还支持可重用性和可扩展性，使得设计能够适应不断变化的需求，提升设计效率并降低成本。可重用性允许设计者在多个项目中使用相同的模块，而可扩展性则确保设计能够随着技术的发展而进行升级。

在集成电路设计过程中，电路仿真技术扮演着至关重要的角色。通过在设计阶段使用仿真工具，设计者可以验证电路的性能和功能，确保设计符合预期要求。电路仿真技术不仅帮助识别潜在的问题，还能在设计投入生产前优化电路性能，减少设计缺陷带来的后续成本。仿真工具能够模拟电路在不同工作条件下的表现，使设计者能够预见并解决可能出现的故障和不稳定性，从而提高设计的可靠性。

集成电路设计中的功耗优化策略是当前技术发展的一个重要方向。在现代电子设备中，降低功耗不仅有助于延长电池寿命，还能减少设备的散热问题，提高整体能效。电源管理技术和动态电压调整技术是实现功耗优化的两种有效手段。通过合理的电源管理，设计者可以在不同的工作模式下调整电路的电源供应，降低不必要的能耗。动态电压调整技术则通过在不同的工作负载下调整电路的工作电压，实现功耗的进一步降低。

信号完整性分析在集成电路设计中不可或缺，特别是在高速信号传输的场合。信号完整性问题可能导致信号失真、数据传输错误甚至系统失效。为了确保信号质量并减少干扰，设计者需要仔细分析信号传输路径，识别可能的干扰源，并采取相应的设计措施。通过合理的布局、屏蔽和匹配技术，信号完整性分析能够有效地提高信号传输的可靠性，确保系统的稳定运行。

（三）微电子制造工艺

微电子制造工艺在现代电子信息技术中占据重要地位，其核心在于通过一系列精密加工步骤实现集成电路的生产。这一过程的基本流程包括光刻、刻蚀、掺杂和薄膜沉积等关键步骤。光刻技术作为首要步骤，利用光化学反应将电路图案从掩模转移到硅片上，其高分辨率的实现直接影响器件的性能与尺寸。随着技术的进步，光刻技术不断发展，已成为微电子制造中不可或缺的一部分，为集成电路的高精度与高可靠性提供了保障。薄膜沉积技术在微电子制造中同样至关重要。该技术的种类繁多，包括化学气相沉积、物理气相沉积等。这些技术能够在硅片表面形成不同材料的薄膜，以满足不同器件结构的需求。化学气相沉积技术通过化学反应在基板上沉积薄膜，适用于制作均匀性要求高的薄膜；物理气相沉积技术利用物理过程进行材料沉积，适合于高纯度薄膜的制备。选择合适的沉积技术是确保器件性能的关键。

刻蚀技术是微电子制造中的一个重要工艺，负责去除不需要的材料以形成所需的微结构。刻蚀技术分为干法刻蚀和湿法刻蚀，各有优缺点。干法刻蚀利用等离子体技术，具有高各向异性和高选择性的特点，适合精细结构的加工；湿法刻蚀通过化学溶液进行材料去除，工艺简单且成本低，但各向同性较高。刻蚀技术的选择在微结构形成中起到关键作用，直接影响最终产品的精度与功能。

在微电子制造过程中，质量控制与测试方法至关重要，以确保产品符合设计标准与性能要求。电气测试用于检查电路的功能性和性能参数；光学检查通过显微镜等设备检测表面缺陷；缺陷分析是识别和定位制造过程中产生的缺陷的关键步骤，有助于提高产品的良率和可靠性。

三、嵌入式系统在电子信息技术中的应用

（一）通信系统中的应用

智能传感器在现代通信系统中的应用已成为提升系统性能的关键因素之一。它们具备实时数据采集能力，能够为网络提供动态环境信息。这种能力不仅有助于监控网络状态，还能显著提升系统的响应速度，满足高效通信的需求。通过实时数据的获取，通信系统可以更好地适应变化的环境条件，从而提高服务质量和用户体验。

智能传感器通过无线通信技术实现数据的远程传输，进一步支持实时监控与管理。这种技术的应用，使得通信系统的灵活性得以大幅提升。通过无线传输，传感器能够在不受地域限制的情况下，将采集到的数据快速传递给中央管理系统。这种实时性和灵活性，尤其在需要快速响应的通信任务中，显得尤为重要。

智能传感器的自适应功能，是其在通信系统中应用的另一大优势。传感器能够根据网络负载情况，自动调整数据传输频率，从而优化带宽的使用。这种自适应特性，不仅提高了网络资源的利用效率，还能有效降低通信成本。在复

杂的网络环境中，传感器的自适应能力确保了通信系统的高效运行。

在故障检测方面，智能传感器也发挥着至关重要的作用。通过先进的数据分析技术，传感器能够及时识别通信链路中的异常，保障系统的稳定性。当通信系统出现故障时，传感器可以迅速定位问题所在，并提供有效的解决方案，从而减少停机时间，提高系统的可靠性。

（二）工业自动化中的应用

智能传感器在工业自动化中的应用，极大地提升了生产效率与设备的可靠性。其实时监测能力使得生产设备的运行状态能够被持续跟踪，从而在故障发生前及时发现潜在问题，避免不必要的停机与损失。这种监测能力不仅提高了设备的使用寿命，也为企业节省了维护成本。智能传感器通过高频率的数据采集和分析，确保了生产过程的稳定性，并且在故障预测和预防性维护中发挥了关键作用。

通过智能传感器收集的环境数据，工业自动化系统能够进行生产过程的优化调整，实现更高效的资源配置与能耗管理。这些传感器能够检测到生产环境中的温度、湿度、压力等多种参数，提供全面的环境信息支持。基于这些数据，企业能够在保证产品质量的前提下，优化生产参数，降低能耗，从而实现绿色生产和可持续发展。智能传感器的数据驱动能力，使得生产过程的每一个环节都能得到精确的控制和管理。

智能传感器与自动化控制系统的无缝集成，显著提升了生产线的智能化水平，减少了对人工干预的需求。这种集成使得生产过程更加自动化和智能化，能够自主进行生产参数的调整和优化，减少了人为操作带来的误差和不确定性。通过这种高效的集成，生产线能够实现自我调节和自我优化，大幅提高了生产效率和产品质量，同时降低了生产过程中的人工成本。

智能传感器在生产过程中的数据分析功能，能够提供实时反馈，辅助决策者进行快速响应与调整。这种实时反馈机制，使得生产管理者能够在第一时间获取生产线的运行状态和产品质量信息，从而在发生异常时迅速作出调整和决策。这种快速响应的能力，不仅提高了生产过程的灵活性，也增强了企业在市场中的竞争力。

（三）消费电子中的应用

消费电子中的应用日益广泛，嵌入式系统与智能传感器技术的结合为这一领域带来了显著的变革。智能传感器在消费电子中的应用提升了用户体验，尤其是在实时监测和自动调整设备设置方面。以智能空调为例，它能够根据室内温度的变化自动调节制冷或制热模式，确保用户始终处于舒适的环境中。这种自动化的调节不仅提高了设备的使用效率，还在一定程度上减轻了用户的操作负担，使得消费电子产品更加智能化和人性化。

智能传感器技术的进步使得消费电子产品能够提供个性化的功能，增强了用户的互动体验。例如，智能手表通过对用户的生理数据进行监测，能够提供定制化的健康建议。这种个性化的健康管理能力不仅帮助用户更好地了解自身的健康状况，还能在日常生活中提供有效的健康指导。这一功能的实现依赖于嵌入式系统对传感器数据的高效处理和分析，展现了电子信息技术在消费电子领域的应用潜力。

在智能家居系统中，智能传感器的整合实现了设备间的互联互通，极大地提高了生活的便利性。用户可以通过手机应用远程控制家居设备，无论是调节灯光、控制窗帘，还是管理家庭安防系统，都变得更加便捷。这种通过网络实现的设备互联，不仅提升了家居环境的智能化程度，也为用户提供了更加灵活便捷的生活方式，体现了嵌入式系统在现代生活中的重要作用。

智能传感器的集成使得消费电子产品具备更高的能效。通过对设备使用情况的实时监测，传感器能够自动优化电源管理，从而降低能耗。这种节能效果在智能家电中尤为明显，不仅减少了能源浪费，也降低了用户的使用成本。这种能效的提升得益于嵌入式系统对传感器数据的精准处理，体现了电子信息技术在节能环保方面的价值。

第三章　智能传感器与电子信息技术的融合机制

第一节　智能传感器与信息技术的接口设计

一、智能传感器接口标准化

（一）标准化协议

智能传感器接口标准化协议是实现传感器与信息技术系统高效融合的基石。该标准化协议的制定旨在确保不同制造商生产的传感器能够与多种信息技术系统无缝对接，从而提高系统的兼容性和互操作性。当前，国内外在标准化协议的制定上都取得了一定的进展，但仍存在一些差异。在国际上，IEEE 1451 系列标准被广泛应用于智能传感器接口标准化，而国内则在积极推进符合自身技术特点的标准化进程。在此背景下，标准化协议不仅需要考虑技术层面的实现，还需兼顾行业需求和政策导向，以推动智能传感器技术的广泛应用和推广。

在进行智能传感器接口的设计时，功能需求分析是不可或缺的一环。智能传感器的接口设计需要满足多种功能需求，包括数据采集、处理、传输和存储等。这些需求决定了接口的基本架构和实现方式。功能需求分析需要深入理解应用场景的具体要求，以确保接口能够提供足够的灵活性和扩展性。此外，随着物联网和大数据技术的发展，传感器接口需要能够支持海量数据的高效传输和实时处理，以适应未来技术发展的趋势。因此，功能需求分析不仅是技术实现的基础，也是智能传感器接口设计的方向指引。

数据传输协议在智能传感器与信息技术的融合中起着至关重要的作用。它决定了数据在传感器和信息系统之间传输的效率和可靠性。现有的数据传输协议包括有线和无线两大类，各自适用于不同的应用场景。有线协议如 I2C、SPI 等在短距离、高速传输中表现优异，而无线协议如 ZigBee、LoRa 则在长距离、低功耗传输中具有优势。选择合适的数据传输协议需要综合考虑传输距离、速度、功耗和安全性等因素，以满足特定应用的需求。此外，协议的选择也应考虑到未来技术发展的兼容性和可扩展性，以确保系统的长期稳定运行。

兼容性设计是智能传感器接口设计中的一个关键原则。随着传感器技术的不断发展，新的传感器类型和功能不断涌现，接口设计必须具备良好的兼容性，以适应各种新兴技术和设备。兼容性设计需要在硬件和软件两个方面进行考虑。在硬件方面，接口设计应遵循通用的电气和机械标准，以确保不同设备的物理兼容性。在软件方面，接口协议应支持多种通信标准和数据格式，以实现与不同系统和平台的无缝集成。通过兼容性设计，可以有效降低系统升级和扩展的复杂性和成本，从而提高智能传感器系统的灵活性和适应性。

随着智能传感器的广泛应用，接口的安全性和隐私保护成为设计过程中的重要考量。传感器接口在数据传输过程中可能面临多种安全威胁，如数据窃取、数据篡改和拒绝服务攻击等。因此，接口设计需要集成多层次的安全机制，包括数据加密、身份认证和访问控制等，以保障数据的机密性、完整性和可用性。此外，随着个人隐私保护意识的提高，接口设计还需遵循相关法规和标准，确保用户数据的合法收集和使用。

（二）兼容性测试

在智能传感器与电子信息技术的融合过程中，兼容性测试是确保不同系统之间无缝通信的关键步骤。智能传感器的多样性和信息技术系统的复杂性，使得在接口设计中，兼容性测试成为不可或缺的一环。通过兼容性测试，可以验证传感器与系统接口的适配性，确保数据的准确传输和处理。这一过程不仅涉及硬件方面的连接，还包括软件协议的匹配与协同工作。兼容性测试的有效实施，能够提前识别潜在的接口问题，从而提高整体系统的稳定性和可靠性。

在进行兼容性测试时，测试环境的设置与配置至关重要。一个良好的测试环境应该能够模拟实际应用场景，涵盖所有可能的操作条件和异常情况。测试环境的配置包括硬件设备的选择、软件工具的部署以及网络条件的设置等。为了保证测试的全面性，测试环境需要具备灵活的调整能力，以适应不同传感器和信息系统的需求。此外，测试环境的配置还需考虑到未来技术的演进，以支持新技术的引入和测试。通过精心设计的测试环境，可以更准确地评估智能传感器与信息技术系统的兼容性。

互操作性是智能传感器与信息技术系统融合的重要指标。评估不同传感器与系统的互操作性，需要采用多种测试方法和标准。通常，互操作性评估包括功能性测试、性能测试和安全性测试等多个方面。功能性测试旨在验证传感器与系统的基本通信能力，性能测试关注数据传输的速度和效率，安全性测试则评估系统抵御外部攻击和数据泄露的能力。通过综合应用这些评估方法，可以全面了解不同传感器与系统之间的协同工作能力，并为系统优化提供数据支持。

数据传输的稳定性与可靠性是兼容性测试中的核心关注点。在智能传感器与信息技术系统的接口设计中，数据传输的中断或错误可能导致严重的后果。因此，测试中需要特别关注数据传输的稳定性，确保在不同负载和网络条件下，数据能够准确无误地传输。此外，可靠性分析还包括对数据丢失、重复和延迟等问题的检测与处理。通过严格的测试和分析，可以提高系统的数据传输质量，保障智能传感器与信息技术系统的高效运行。

二、数据传输协议与接口兼容性

（一）协议选择

在智能传感器与电子信息技术的接口设计中，协议选择是至关重要的一环。选择适合智能传感器特性的传输协议能够确保数据的高效性和准确性。智能传感器通常需要在复杂的环境中运行，其数据传输的可靠性直接影响整体系统的性能。因此，协议的选择不仅要考虑传输效率，还需兼顾数据的完整性和安全性。不同的协议在数据打包、传输和解包的过程中有不同的机制，这些机制直接影响数据的准确传输。因此，深入理解协议的基本特性和工作原理是进行合理选择的前提。

在不同的应用场景中，数据传输速率和延迟的要求各不相同，这对协议的选择提出了更高的要求。实时性需求的满足往往是传感器网络设计者最为关注的方面之一。在某些需要快速响应的应用中，如工业自动化和智能交通系统，延迟可能导致严重的后果。因此，选择能够支持高数据传输速率和低延迟的协议是必要的。这不仅需要对现有协议的性能进行评估，还需要深入了解应用场景的具体需求，以便在协议选择时作出最优决策。

协议的扩展性是一个需要重点考虑的因素。随着技术的不断进步，传感器系统的功能和特性也在不断升级。因此，所选协议应具有良好的扩展性，以便支持未来技术的升级与功能的增加。扩展性好的协议可以在不改变现有基础设施的情况下，轻松地集成新功能和新设备，这对于提高系统的灵活性和降低长期维护的成本具有重要意义。因此，在选择协议时，评估其扩展能力是必要的步骤。

（二）兼容性分析

智能传感器与信息技术的融合在现代科技领域中扮演着至关重要的角色。兼容性分析是确保不同系统能够无缝协作的关键步骤。在智能传感器与信息技术的接口设计中，兼容性分析关注的是如何使传感器能够与多种信息技术平台进行有效的通信。这不仅需要考虑数据格式和传输协议的匹配，还要确保硬件接口的物理兼容性。在这方面，国内外的研究已经取得了一些进展，但仍然面临着诸多挑战。特别是在多厂商设备共存的环境中，兼容性问题尤为突出。因此，深入的兼容性分析是实现智能传感器与信息技术有效融合的基础。

在智能传感器与信息技术的接口设计中，建立兼容性评估标准是确保系统稳定性和可靠性的必要条件。这些标准通常包括协议一致性、数据格式兼容性、硬件接口匹配等多方面的内容。评估标准的制定需要综合考虑智能传感器的功能特点以及信息技术系统的需求。例如，传感器的数据传输速率、延迟容忍度以及数据完整性都是评估的重要指标。国际上，许多组织和机构已经制定了相关标准，如 ISO 标准和 IEEE 标准，这些标准为全球智能传感器的兼容性提供了指导。然而，随着技术的不断发展，现有标准也需要不断更新以适应新的技术需求。

在数据传输过程中，不同类型的智能传感器面临着各自的兼容性挑战。这些挑战主要体现在数据格式的差异、传输协议的多样性以及硬件接口的不同上。例如，温度传感器、压力传感器和图像传感器在数据输出格式上可能存在显著差异，这就要求信息技术系统具备良好的适应能力。此外，传感器之间的协议不一致也可能导致数据传输的中断或延迟。因此，为了实现不同类型智能传感器的有效协作，必须在设计阶段就考虑到这些兼容性问题，并采取相应的解决方案。

智能传感器在多种信息技术平台上的适应性是衡量其应用广泛性的重要指标。适应性分析主要包括对传感器在不同操作系统、网络环境和应用场景下的性能评估。由于各信息技术平台的架构和资源管理方式不同，智能传感器需要具备良好的适应能力，以满足不同平台的需求。例如，在嵌入式系统中，传感器需要在资源有限的条件下高效运行，而在云计算平台上，传感器则需要支持大规模数据的实时传输和处理。通过适应性分析，可以识别出传感器在不同平台上可能遇到的问题，并针对性地进行优化设计。

三、模拟与数字信号转换技术

（一）转换原理

在智能传感器与电子信息技术的融合过程中，模拟与数字信号的转换技术起着至关重要的作用。转换原理是基于对信号特性的深刻理解，通过特定的算法和硬件电路实现模拟信号向数字信号的高效转换。模拟信号是连续的物理量，如温度、电压等，其特性在时间和幅度上都是连续变化的。而数字信号是离散的，由一系列二进制数值组成，适合计算机处理。理解这两种信号的基本定义与特性，是掌握转换技术的基础。

模拟信号向数字信号的转换包括几个关键步骤与方法。首先是采样，将连续的模拟信号在时间轴上离散化，通常由采样定理指导采样率的选择，以避免混叠现象。其次是量化，将采样得到的信号幅值离散化为有限的数值级别，这一过程不可避免地引入量化误差。最后是编码，将量化后的信号转换为二进制码，便于数字系统的处理和传输。每个步骤都需要精确的设计与实现，以确保信号转换的准确性和效率。

数字信号转换为模拟信号的过程同样重要，尤其在需要与现实物理世界进行交互时。此过程通常通过数模转换器来实现，核心是将数字信号的离散数值还原为连续的模拟信号。该技术广泛应用于音频输出、视频播放等领域，要求高的精度和低的失真度。通过滤波器及其他信号处理技术，可以在转换过程中有效地抑制噪声和失真，提高信号质量。

在模拟与数字信号转换过程中，常见的误差包括量化误差、采样误差和传输误差等。为了提高转换精度，补偿技术应运而生。例如，使用更高的采样率和量化位数可以降低量化误差；而通过误差校正算法和自适应滤波器，可以动态调整信号处理过程中的参数，减少误差的累积。

（二）转换器类型

转换器在智能传感器与电子信息技术中起着至关重要的作用。主要的转换器类型包括模数转换器和数模转换器，它们在不同的应用场景中各有其独特的功能和优势。模数转换器用于将模拟信号转换为数字信号，以便于数字处理和存储，而数模转换器则用于将数字信号转换为模拟信号，以实现对模拟设备的控制和驱动。不同类型的转换器在结构和工作原理上有所不同，其选择取决于具体的应用需求和环境条件。

模数转换器是将连续的模拟信号转换为离散的数字信号的关键组件。模数转换器的工作原理通常包括采样、量化和编码三个步骤。采样是将连续时间信号转换为离散时间信号，量化是将信号幅度分成有限的离散值，编码则是将量化后的信号转换为数字代码。在智能传感器中，模数转换器用于处理来自各种传感器的模拟输出，如温度、压力、光强等，使其能够被数字处理单元识别和处理，从而实现精确的数据采集和处理。

数模转换器用于将数字信号转换为模拟信号，其类型包括电阻网络型、积分器型和电流型等。电阻网络型数模转换器通过电阻网络实现电压分配，适用于中低速高精度的应用；积分器型数模转换器通过电容积分实现信号转换，适合于高精度的应用；电流型数模转换器通过电流源实现信号输出，适用于高速低精度的场景。根据应用需求的不同，选择合适的数模转换器类型是确保信号转换质量和效率的关键。

不同类型的转换器在精度、速度和功耗等性能指标上各具特点。模数转换器的精度通常由其位数决定，位数越高，精度越高，但相应的速度和功耗也会增加。数模转换器的速度取决于其转换速率，转换速率越高，速度越快，但可能会影响精度和功耗。功耗是影响转换器性能的重要因素，尤其在便携式设备中，低功耗设计尤为重要。因此，在实际应用中，需要根据具体需求对转换器的精度、速度和功耗进行综合权衡，以选择最优的解决方案。

在集成电路设计中，转换器的架构选择直接影响系统的性能和成本。常用的模数转换器架构包括逐次逼近型、ΣΔ 型和闪速型，每种架构在速度、精度和功耗上有不同的表现。逐次逼近型模数转换器以其适中的速度和精度广泛应用于中等性能需求的场合；ΣΔ 型模数转换器以高精度和低速度著称，适合高精度测量；闪速型模数转换器以高速低精度见长，适用于高速数据采集。数模转换器的架构设计也需考虑线性度、输出范围和稳定性等因素。

四、接口电路设计与优化

（一）电路设计原则

电路设计在智能传感器与信息技术的接口中扮演着至关重要的角色。电路设计应遵循模块化原则，以提高系统的可维护性和可扩展性。模块化设计使得系统的各个部分可以独立开发、测试和维护，从而简化了故障排查和系统升级的过程。在模块化设计中，每个模块承担特定的功能，这不仅提高了系统的灵活性，还使得系统可以根据需求进行功能扩展和性能提升。此外，模块化设计有助于标准化接口的实现，促进不同系统之间的兼容性和互操作性。

设计时需考虑信号完整性，确保在不同工作环境下信号传输的稳定性与可靠性。信号完整性是指信号在传输过程中保持其原始的形状和特性，不受到失真和干扰的影响。在实际应用中，信号完整性受到多种因素的影响，如传输线的特性、连接器的质量以及电磁干扰等。因此，在电路设计中，需采用适当的技术和方法，如差分信号传输、屏蔽技术以及匹配阻抗设计，以确保信号的高保真传输。此外，信号完整性设计还需考虑温度、湿度等环境因素对信号传输的影响，以确保系统在各种环境条件下的可靠性。

电路应具备抗干扰能力，能够有效抑制外部噪声对信号的影响，保障数据传输的准确性。在智能传感器系统中，电磁干扰和射频干扰是影响信号质量的主要因素。为提高系统的抗干扰能力，电路设计需采用多种抗干扰技术，如滤波器设计、屏蔽技术和接地设计等。滤波器可以有效滤除特定频率范围内的噪声，而屏蔽技术则通过隔离敏感电路和干扰源来减少噪声的耦合。此外，合理的接地设计可以降低地电位差对信号的影响，从而提高系统的抗干扰性能。

优化电路功耗设计，采用低功耗组件和技术，以延长智能传感器的使用寿命和提高系统效率。低功耗设计在智能传感器系统中尤为重要，尤其是在电池供电的便携式设备中。通过选择低功耗组件、优化电路拓扑结构以及采用动态电源管理技术，可以显著降低系统的功耗。例如，使用低功耗微控制器和传感器，采用休眠模式和唤醒机制，可以在不影响性能的情况下减少能耗。此外，低功耗设计还需考虑热管理问题，以避免因过热而导致的系统性能下降和使用寿命缩短。

（二）优化方法

优化方法在智能传感器与电子信息技术的接口设计中具有重要作用。通过合理的优化策略，能够有效提升系统的整体性能。优化方法不仅涉及硬件电路的设计，还涵盖软件算法的改进。通过对电路结构的深入分析，优化方法可以在保证功能完整的前提下，减少不必要的复杂性，提高电路的效率和可靠性。这一过程需要综合考虑多种因素，包括信号处理的精度、系统的功耗以及电路的热管理等。合理的优化方法能够使智能传感器在复杂应用环境中保持高效稳定的运行。

自适应滤波技术在信号处理领域具有显著优势，其灵活性和准确性使其成为优化接口电路信号质量的重要工具。自适应滤波器能够根据输入信号的变化动态调整其参数，从而有效滤除噪声，提高信号的质量。这一特性在智能传感器应用中尤为重要，因为传感器常常需要在多变的环境中工作。通过自适应滤波技术，电路可以在不同的工作条件下保持优异的信号处理能力。这种技术的应用不仅提高了信号的准确性，还增强了系统的鲁棒性，使其能够适应更广泛的应用场景。

多级电源管理策略是优化智能传感器接口电路的重要手段之一。通过精细化的电源管理，可以有效降低系统的功耗，从而延长传感器的工作时间。在设计电源管理策略时，需要综合考虑传感器的工作模式和功耗需求。通过引入动态电压和频率调节技术，可以根据实际负载情况调整电源的供应，避免不必要的能量浪费。此外，休眠模式和唤醒机制的结合使用，也能显著降低功耗。这些策略的实施不仅提高了系统的能效，还增强了传感器的续航能力，适应了长时间监测的需求。

可编程逻辑器件的引入为接口电路设计带来了新的可能性。可编程逻辑器件的可重构性使得电路设计可以根据实际需求进行灵活调整，这在快速发展的技术环境中尤为重要。通过使用可编程逻辑器件，设计者可以在不更改硬件的情况下更新电路功能，从而大大缩短开发周期并降低成本。此外，可编程逻辑器件的高适应性使其能够支持多种通信协议和接口标准，满足不同应用场景的需求。可编程逻辑器件的应用不仅提高了电路设计的灵活性，还增强了系统的适应性和拓展性，使其能够更好地应对未来技术的发展趋势。

第二节　数据融合与信息处理技术

一、数据融合的基本概念与分类

（一）数据融合的定义

数据融合是现代信息处理技术中的一个核心概念，其定义为将不同来源的数据进行整合，以提高信息的准确性和可靠性。这一过程通过对多源信息的综合分析和处理，消除冗余信息，增强数据的有效性和一致性。数据融合可分为低层融合、中层融合和高层融合，分别对应于数据、特征和决策层面的整合。在低层融合中，原始数据直接整合，强调数据的同步性与一致性；中层融合着眼于特征提取与模式识别，通过特征层次的整合实现信息的提炼；高层融合在决策层面进行，结合多种信息源的决策结果以优化最终决策。

数据融合技术具有显著的优势，能够有效减少冗余信息，提高数据处理的效率，优化决策支持系统的性能。其应用领域广泛，涵盖智能交通、环境监测、医疗健康等多个领域。在智能交通中，数据融合技术通过整合多种传感器数据，实现对交通流量的实时监控与管理；在环境监测领域，数据融合技术帮助整合多源环境数据，提高监测精度和预警能力；在医疗健康方面，通过整合患者的多维度健康数据，提升诊断的准确性和个性化治疗方案的制定。

数据融合技术的实现依赖于先进的算法和模型，如贝叶斯网络、神经网络等。这些算法和模型能够有效处理复杂的数据结构和动态变化的环境，支持对多源信息的深度分析与综合。贝叶斯网络通过概率推理实现信息的不确定性处理，适用于多种数据来源的整合；神经网络以其强大的自学能力和非线性映射能力，适用于大规模数据的融合与分析。

（二）数据融合的层次

数据融合的层次是智能传感器与电子信息技术融合的关键环节，涵盖了从数据采集到决策支持的全过程。在低层融合阶段，重点在于传感器数据的整合，通过对原始数据进行处理，提升信噪比和数据质量。这一过程通常涉及滤波、去噪和数据校准等技术，以确保后续处理的基础数据准确可靠。低层融合在物联网和嵌入式系统中尤为重要，因为这些应用环境中传感器通常面临着噪声干扰和数据丢失的问题，只有通过有效的数据整合，才能为后续的特征提取和决策提供高质量的数据支持。

中层融合更注重特征级别的数据整合。通过利用特征提取技术，中层融合能够提升信息的表达能力和区分度。特征提取是将原始数据转换为更具代表性和简化的形式，以便于后续的分析和处理。这一过程通常涉及信号处理、模式识别和机器学习等技术。中层融合在智能监控、自动驾驶和医疗诊断等领域具有重要应用，因为这些领域需要从大量数据中提取有意义的特征，以支持复杂的分析和决策。

高层融合涉及决策层面的整合，是数据融合过程的最后一步。通过综合不同来源的决策信息，高层融合能够优化最终的决策支持和推理过程。这一层次的融合通常依赖于多传感器数据的高效整合和推理算法的优化，以支持实时决策和复杂环境下的智能推理。高层融合在军事指挥、应急响应和智能制造等领域得到广泛应用，因为这些领域需要快速、准确的决策支持，以应对动态变化的环境和复杂的任务需求。

数据融合的实时性要求高，尤其在动态环境下的应用中，必须确保数据在采集、处理和分析各个环节的快速响应。这一需求对数据融合系统的设计和实现提出了更高的要求，要求系统具备高效的处理能力和低延迟的响应特性。实时性不仅影响数据融合的效率，还直接关系到系统的可靠性和稳定性。因此，在设计数据融合系统时，实时性是一个不可忽视的重要指标。

数据融合技术的有效性在很大程度上依赖于算法的选择与优化。合适的算法能够显著地提升融合结果的准确性和可靠性。在实际应用中，算法的选择通常取决于特定的应用需求和数据特性。优化算法的性能不仅可以提高数据融合的效率，还可以增强系统的鲁棒性和适应性。

（三）数据融合的类型

数据融合是一个多层次、多阶段的过程，涉及从数据采集到信息处理的各个环节。其类型多样，涵盖了从低层次的数据级融合到高层次的决策级融合。

传感器数据融合是其中一种重要类型，通过整合来自不同传感器的数据，能够提高数据的准确性和可靠性。这种融合技术在环境监测和智能交通等领域有着广泛的应用。例如，在环境监测中，来自温度、湿度、气体浓度等传感器的数据可以通过融合技术进行综合分析，从而提供更为准确的环境状况信息。在智能交通系统中，融合来自不同传感器的数据可以更好地监控交通流量和车辆位置，以优化交通管理和减少拥堵。

特征级融合旨在通过特征提取技术来提高信息的表达能力。在这一过程中，不同来源的数据在特征层面被整合，用于模式识别和分类任务。这种方法在图像处理、语音识别和生物特征识别等领域具有重要意义。特征级融合能够有效地提取和整合多源数据的特征，从而增强系统对复杂模式的识别能力。例如，在生物特征识别中，融合指纹、虹膜和面部特征等多种生物特征，可以显著提高识别的准确性和安全性。

决策级融合则是在决策层面整合来自不同源的信息，以优化决策支持系统的性能。该类型的融合技术广泛应用于智能决策和自动化系统中。在这一过程中，来自不同传感器或信息源的数据经过独立处理后，其结果在决策阶段被综合考虑，以形成更为可靠的决策支持。例如，在智能制造中，整合来自生产线、质量检测、库存管理等多个环节的信息，可以提高生产决策的效率和准确性。这种融合方式能够有效地减少决策的不确定性，提高系统的整体性能。

空间数据融合结合了地理信息与传感器数据，旨在提升空间分析的精度和效率。这种融合技术在城市规划和资源管理等领域得到重要应用。通过整合地理信息系统（GIS）数据与实时传感器数据，可以实现对城市基础设施、交通网络以及自然资源的精准监控和管理。例如，在城市规划中，融合地理信息与交通传感器数据，可以优化交通线路设计和基础设施布局，提高城市运行效率。

二、信息处理技术的核心算法

（一）信号处理算法

信号处理算法在智能传感器与电子信息技术的融合中扮演着关键角色。其基本原理涉及对信号的采集、分析和转换，以获取有价值的信息。信号处理算法的应用场景广泛，包括在通信系统中提高信号传输质量、在医学成像中增强图像清晰度，以及在语音识别中提高识别准确性等。通过对信号的分析与处理，智能系统能够更准确地理解和响应复杂的环境变化。

滤波技术是信号处理中的核心组成部分，其作用在于去除信号中的噪声或干扰，保留有用的信号成分。滤波技术的实现方式多种多样，包括数字滤波器和模拟滤波器的设计与应用。数字滤波器在处理离散信号时表现出色，适用于现代电子设备中的实现，而模拟滤波器则在处理连续信号时具有优势。滤波技术的选择与设计直接影响信号处理的效果和效率，是信号处理算法中的关键环节。

时域分析方法与频域分析方法是信号处理中的两种基本分析手段。时域分析方法侧重于信号随时间的变化，而频域分析方法则关注信号的频率成分。两者在信号处理中的选择与应用取决于具体的应用需求和信号特性。频域分析方法，如傅里叶变换，能够将信号从时域转换到频域，从而揭示信号的频率特性，这对信号的滤波和压缩具有重要意义。

自适应信号处理技术通过实时调整算法参数以适应信号变化，展现出显著的优势。其应用实例包括自适应噪声消除、自适应均衡器等，在复杂环境下能够显著提高信号处理的效果。自适应信号处理技术的核心在于其动态调整能力，使其在不确定和变化的信号环境中保持优异的性能。

（二）图像处理算法

在智能传感器与电子信息技术的融合中，图像处理算法通过对图像数据的分析和处理，提升了系统的智能化水平。图像处理算法的核心在于其能够有效地从复杂的图像数据中提取有用的信息，为后续的决策和分析提供基础。随着计算能力的提升和算法的进步，图像处理技术已广泛应用于自动驾驶、医疗影像、智能监控等领域，为各行业的智能化发展提供了坚实的技术支持。

图像处理算法的基本原理包括图像的采集、预处理、特征提取、分类以及后续处理。通过这些步骤，算法能够将原始图像转换为更具信息价值的形式。应用领域涵盖了从医学图像分析到工业检测等多个方面。在医学领域，图像处理算法用于 CT、MRI 等影像的分析，帮助医生进行诊断。在工业检测中，图像处理技术用于识别产品缺陷，提高生产效率和产品质量。随着技术的不断发展，图像处理算法的应用领域将进一步扩展。

图像增强技术旨在提高图像的视觉质量，使其更适合于人眼观察或机器分析。实现方法包括直方图均衡化、滤波、锐化等。直方图均衡化通过调整图像的灰度分布来增强对比度；滤波技术用于去除图像中的噪声，提高图像的清晰度；锐化技术通过增强图像的边缘特征，使图像更加清晰。图像增强技术不仅提高了图像的可视性，还为后续的图像分析和处理奠定了基础。

特征提取是图像识别中至关重要的一步。特征提取算法通过识别图像中的关键特征，如边缘、角点、纹理等，为图像的分类和识别提供依据。有效的特征提取可以显著提高图像识别的准确性和效率。在智能传感器应用中，特征提取算法被广泛应用于人脸识别、指纹识别、车辆识别等领域。随着深度学习技术的发展，特征提取算法也在不断演进，提升了图像识别的智能化水平。

图像分割技术通过将图像划分为若干区域或目标对象，帮助识别和分析图像中的特定物体。常用的方法包括阈值分割、区域增长、分水岭算法等。图像分割在物体检测中具有重要应用，如自动驾驶中的车道线识别、医学图像中的肿瘤检测等。准确的图像分割能够提高物体检测的精度，减少误检和漏检，为智能系统的决策提供可靠的数据支持。

（三）数据挖掘算法

在智能传感器和电子信息技术的融合中，数据挖掘算法是通过应用特定的算法，从海量的数据中提取出有用的信息和潜在的模式。这一过程不仅能提高数据的利用效率，还能为决策提供可靠的依据。在现代信息处理技术中，数据挖掘已成为不可或缺的一环，其应用广泛，涵盖了从商业智能到科学研究的多个领域。数据挖掘的目标是通过对复杂数据的分析，揭示出数据背后隐藏的价值和趋势，为进一步的研究和应用奠定基础。

数据挖掘的基本概念在于通过自动化的方式，从大量复杂的数据集中提取出有用的信息。其目标是识别数据中的模式和关系，从而帮助理解数据的内在结构。在智能传感器技术中，数据挖掘可以有效地处理传感器收集的海量数据，挖掘出其中的规律和异常。这一过程涉及多个步骤，包括数据预处理、模式识别和结果评估等。通过数据挖掘，能够实现对数据的深层次分析，为智能决策提供支持。

分类算法是数据挖掘中的核心工具之一，其应用广泛且效果显著。通过对已有标记数据的学习，分类算法能够预测未知数据的类别。这一过程通常涉及构建分类模型，对数据进行训练和测试，以提高预测的准确性。在智能传感器系统中，分类算法可以用于识别不同类型的信号，进而实现对环境的实时监测和分析。分类算法的应用不仅提高了数据处理的效率，还为智能系统的开发提供了坚实的技术支持。

聚类算法的核心在于将数据集中相似的数据点分组，从而揭示数据的潜在结构和模式。这种算法在智能传感器技术中得到重要应用，可以用于分析传感器数据的聚合特性，识别出数据中的异常模式和趋势。聚类算法不需要事先标记数据，这使得它在处理未知数据时具有很大的灵活性。通过聚类分析，能够有效地简化数据的复杂性，为后续的数据分析和处理提供了重要的基础。

关联规则挖掘是一种用于发现数据集中变量之间有趣关系的技术。其目标是通过分析数据的共现模式，揭示变量之间的相互影响和关联。在智能传感器系统中，关联规则挖掘可以用于识别传感器数据之间的关联关系，从而优化数据处理和信息提取过程。这一技术在市场分析、推荐系统等领域也有广泛应用，能够为用户提供个性化的服务和建议。

三、多传感器数据融合方法

（一）传感器数据预处理

传感器数据预处理是多传感器数据融合过程中的关键步骤。传感器在数据采集过程中，常常会受到环境因素、硬件故障等影响，导致数据中出现异常值或缺失数据。数据清洗技术在此过程中显得尤为重要，它通过一系列算法和技术手段来识别并消除这些异常数据，确保后续处理的准确性。为了实现这一目标，通常会采用统计分析和机器学习方法来识别异常值，并使用插值法或其他技术填补缺失数据，从而提高数据的完整性和可靠性。

预处理过程中，去噪技术的应用不可或缺。传感器数据在采集过程中不可避免地会受到各种噪声的干扰，这些噪声可能来自传感器自身的硬件限制或外部环境的变化。通过使用滤波器和信号处理算法，如卡尔曼滤波、小波变换等，去噪技术能够有效地降低数据中的噪声水平，提升数据的质量。这些技术不仅提高了数据的准确性，还为后续的数据分析和决策提供了更为可靠的基础。

数据标准化方法在传感器数据预处理过程中发挥着重要作用。由于不同传感器可能具有不同的测量单位和量程，直接比较和融合这些数据可能导致误差。数据标准化通过将不同传感器的数据转换到同一尺度上，使得这些数据可以进行有效的比较和融合。这一过程通常涉及均值方差标准化或最大值、最小值标准化等方法，确保数据在同一尺度下进行处理，从而为多传感器数据融合奠定了基础。

（二）传感器数据校准

传感器数据校准是确保传感器输出准确性和一致性的重要步骤。其基本定义涉及调整传感器的输出，以匹配已知标准或参考值，从而减少误差并提高测量精度。在智能传感器技术与电子信息技术的融合中，数据校准的作用尤为关键，因为它直接影响到后续数据处理和决策的准确性。校准不仅是一个技术问题，也是一个保障系统稳定性和可靠性的基础性工作，尤其在多传感器系统中，确保每个传感器的输出一致性至关重要。

不同类型传感器的校准方法各有特点，通常可以分为静态校准和动态校准。静态校准主要用于传感器在稳定条件下的校准，适用于测量对象不随时间变化的场景，如温度传感器的标定。动态校准适用于传感器在变化条件下的校准，常用于加速度计或陀螺仪等传感器的校准，以应对快速变化的测量环境。两者在应用场景和技术实现上存在显著区别，选择合适的校准方法能够有效提高传感器的测量精度和响应速度。

在校准过程中，标准参考源的选择至关重要。常用的标准参考源包括物理标准器具、已知精度的传感器和数学模型等。选择标准参考源的原则主要是确保其稳定性、准确性和可追溯性，以提高校准结果的可靠性。标准参考源的选择不仅影响校准结果的精度，还影响校准过程的效率和成本，因此在校准方案设计中需慎重考虑。

传感器数据校准的误差分析与补偿技术是提高校准后数据质量的关键。误差分析通常涉及识别和量化系统误差、随机误差和环境误差等。补偿技术包括硬件补偿和软件补偿，通过对误差的有效补偿，确保校准后的数据能够满足特定应用的需求。这些技术的应用需要综合考虑传感器的特性、应用环境和系统要求，以实现最佳的校准效果。

（三）传感器数据集成

传感器数据集成是现代信息处理技术中的关键环节，其定义与重要性不容忽视。通过将多个传感器的数据进行集成，可以显著提升数据的质量，为系统提供更可靠的决策支持。在这一过程中，数据集成不仅仅是简单的汇总，而是通过复杂的算法和技术手段，确保不同来源的数据在精度和一致性上达到最优状态。传感器数据集成的过程需要考虑到数据的冗余性和噪声问题，从而在提升数据质量的同时，增强系统的鲁棒性和决策的准确性。

多源数据集成方法的分类多种多样，其中加权平均和主成分分析是常用的两种方法。加权平均方法通过为不同数据源分配不同的权重，实现数据的加权融合，适用于数据源之间存在显著差异的情况；主成分分析通过降维技术，提取数据的主要特征，减少数据的维度，以便于后续处理。除了这两种方法之外，还有贝叶斯推理、卡尔曼滤波等方法，均在不同的应用场景中发挥了重要作用。这些方法的选择通常取决于数据特性和应用需求，以实现最优的融合效果。

在数据集成过程中，时效性是一个至关重要的要求，特别是在实时应用中。传感器数据通常以高速率生成，如何快速处理和融合这些数据成为一个挑战。为此，现代数据集成技术需要具备高效的算法和强大的计算能力，以确保在毫秒级响应时间内完成数据处理。这不仅涉及硬件性能的提升，还包括软件算法的优化，通过并行计算和流处理技术，实现对海量数据的实时处理和集成。

传感器数据集成中的数据一致性问题也是一个重要挑战。不同传感器可能使用不同的输出格式和单位，这给数据的集成带来了困难。为了解决这一问题，需要在数据集成前进行标准化处理，确保所有数据在同一基准下进行比较和融合。这通常涉及数据格式的转换和单位的统一，以消除因不一致性带来的误差和偏差。同时，数据一致性检查机制的引入，可以进一步提高数据集成的准确性和可靠性。

数据集成后的信息可视化技术是展示融合结果的重要手段。通过图形化的方式，可以将复杂的数据结果以直观的形式呈现给用户，便于理解和决策。常用的信息可视化技术包括折线图、柱状图、热力图等，它们能够有效地揭示数据之间的关系和趋势。

第三节　融合系统的架构与实现方法

一、融合系统的模块化设计

（一）模块划分原则

模块划分在融合系统的设计中扮演着至关重要的角色。模块划分应基于功能性，这不仅是确保系统具备高效运作能力的基础，也是提升系统整体效率和可维护性的关键。通过明确每个模块的职责和目标，设计者可以更好地管理系统复杂性，减少开发过程中的混乱和错误。模块化设计的一个显著优势在于其能够将复杂的大系统分解为多个小而独立的模块，每个模块都可以专注于特定的功能，从而提升系统的灵活性和可维护性。

设计模块时，考虑可重用性是一个重要原则。通过确保相似功能的模块能够在不同系统中重复利用，开发者可以大幅降低开发成本。这种可重用性的设计思维不仅有助于节省时间和资源，还能提高开发效率。在现代信息技术快速发展的背景下，模块的可重用性也为系统的快速迭代和更新提供了可能，使得开发者能够更迅速地响应市场需求和技术变革。

模块之间的接口设计需要简洁明了，以便于模块的独立开发和测试。简洁的接口设计不仅能够促进模块间的有效通信，还能降低开发人员在集成阶段面临的复杂性。通过明确的接口，开发者可以独立地开发和测试各个模块，而不必担心模块之间的相互依赖性问题。这种设计方法在大型系统开发中尤为重要，能够显著提高开发效率和系统的稳定性。

模块划分应考虑系统的扩展性。随着技术的不断进步和用户需求的变化，系统需要具备灵活的扩展能力。通过合理的模块划分，系统可以在未来技术升级或功能增加时，方便添加新模块，而不会对现有系统造成重大影响。这种设计策略不仅能够延长系统的生命周期，还能帮助企业在竞争激烈的市场中保持技术领先地位。

在模块设计中，性能优化是不可忽视的因素。每个模块在处理数据时都需要具备高效性和响应速度，以满足实时应用的需求。性能优化不仅涉及算法的选择和资源的管理，还包括对系统瓶颈的识别和解决。通过在设计阶段充分考虑性能优化，开发者可以确保系统在各种负载条件下都能稳定运行，满足用户对实时性的高要求。

（二）模块接口设计

模块接口设计在智能传感器与电子信息技术的融合系统中扮演着至关重要的角色。模块接口设计应遵循标准化原则，以确保不同模块间的互操作性和兼容性。这种标准化不仅能够减少开发成本和时间，还能提高系统的稳定性和可维护性。在国内外的技术开发过程中，标准化接口的应用已被证明是提高系统集成效率的重要手段。标准化接口允许不同厂商生产的模块在同一系统中协同工作，从而促进了技术的普及和应用。

在模块接口设计中，数据格式的统一性是一个关键因素。统一的数据格式能够确保各模块能够无缝传输和处理数据，避免因格式不兼容而导致的数据丢失或错误。数据格式的统一性不仅提高了数据传输的效率，还保证了数据的完整性和准确性。对于需要实时处理大量数据的应用场景，数据格式的统一性显得尤为重要。通过采用统一的数据格式，系统能够更快速地响应和处理传入的数据，从而满足实时应用的需求。

设计接口时，实时性是必须考虑的重要方面。确保数据在模块间的传递能够满足应用场景的时效性要求，是系统设计的基本目标之一。在许多应用中，尤其是在需要实时监控和控制的场合，数据的及时性直接影响系统的性能和可靠性。因此，设计人员需要在接口设计中充分考虑数据传输的延迟时间和处理时间，以确保系统能够在规定的时间内完成数据的处理和反馈。

模块接口的扩展性也是设计中的一个重要考量。随着技术的不断进步和应用需求的变化，系统需要具备良好的扩展性，以支持未来功能的增加和技术的升级。扩展性良好的接口设计能够使系统在不进行大规模重构的情况下，轻松集成新功能和技术。这不仅延长了系统的使用寿命，还提高了系统的灵活性和适应性，为企业节省了大量的成本和资源。

（三）模块化测试方法

模块化测试方法在智能传感器与电子信息技术的融合系统中具有重要的作用。模块化测试的基本原则是确保每个模块都能够独立进行测试，以验证其功能和性能。这种独立性不仅提高了测试的效率，还能在问题出现时更快速地定位和解决。通过对每个模块进行详细的测试，可以确保在集成阶段减少错误的发生，从而提高整个系统的稳定性和可靠性。

采用自动化测试工具是提高模块测试效率的关键策略。这些工具能够显著减少人为错误，提高测试的准确性和重复性。自动化测试工具可以快速执行大量测试用例，确保在短时间内覆盖模块的所有功能路径。此外，自动化测试工具还可以进行回归测试，确保在代码变更后模块的功能不受影响，进而维护系统的整体质量。

设计测试用例时，必须覆盖模块的所有功能路径，确保测试的全面性和有效性。测试用例的设计应充分考虑模块的各种输入情况和输出情况，以确保每一个功能点都经过验证。全面的测试用例不仅能够发现显而易见的错误，还能揭示隐藏的缺陷，从而提高模块的健壮性。

建立模块间的接口测试机制是模块化测试方法中的重要环节。在智能传感器与电子信息技术的融合系统中，各模块之间的通信和协作至关重要。接口测试能够确保模块间的数据传输和功能调用的正确性。在集成阶段，接口测试可以有效地验证模块间的协作能力，确保系统在实际应用中能够顺畅运行。

二、数据传输与通信协议

（一）通信协议标准

通信协议标准是智能传感器与电子信息技术系统互操作的核心基础。它定义了数据交换的规则和格式，使不同设备和系统能够无缝连接，进行有效的通信。在智能传感器网络中，通信协议标准的制定不仅涉及技术层面的考量，还需考虑到系统的兼容性和扩展性。随着物联网设备的普及，通信协议的标准化有助于降低设备间的互操作障碍，提升系统的集成效率。在这一背景下，国际和国内的标准化组织纷纷制定相关标准，以促进技术的统一和市场的规范。

通信协议在智能传感器与信息技术系统中扮演着不可或缺的角色。它不仅定义了数据传输的格式和顺序，还规定了数据包的处理方式和错误处理机制。通过通信协议，传感器采集的数据能够准确地传输到信息处理系统，实现数据的实时分析与反馈。尤其在复杂的物联网环境中，通信协议的有效性直接影响到整个系统的性能和可靠性。因此，理解通信协议的定义与作用，对于构建高效的智能传感器系统至关重要。

通信协议可分为多种类型，每种类型在不同的应用场景中具有独特的优势。串行协议通过单一的数据通道传输数据，适合于长距离通信和低成本应用；并行协议通过多通道同时传输，适用于需要高传输速率的场合。同步协议要求发送方和接收方在同一时帧信号下工作，确保数据的同步传输，而异步协议则允许双方在不同步的情况下进行数据传输，提供了更大的灵活性。选择合适的通信协议类型是系统设计中的关键步骤，需综合考虑传输距离、速率和成本等因素。

数据帧结构是通信协议的核心组成部分，其设计直接影响数据传输的完整性与有效性。在智能传感器系统中，数据帧需包含起始标志、数据载荷、校验码等元素，以确保数据在传输过程中的准确性。起始标志用于标识数据帧的开始，数据载荷承载传感器采集的数据内容，而校验码用于检测传输过程中可能出现的错误。遵循合理的数据帧设计原则，可以有效地提高系统的传输效率和数据可靠性，减少数据丢失和误码率。

在数据传输过程中，错误检测与纠正机制是保障数据准确性与可靠性的关键。常用的错误检测方法包括奇偶校验、循环冗余校验（CRC）等，这些方法能够有效识别传输中的错误。纠正机制通常采用自动重传请求（ARQ）等策略，确保错误数据能够被及时纠正和重传。通过合理的错误检测与纠正机制设计，智能传感器系统能够在复杂的通信环境中保持高水平的数据传输质量，确保系统的稳定运行和数据的可信性。

（二）数据传输安全

在智能传感器与电子信息技术的融合系统中，数据传输安全是确保系统稳定性和信息保密性的关键环节。智能传感器收集的数据往往涉及敏感信息，因而在传输过程中必须采取有效的安全措施。数据传输安全不仅是技术问题，也是关系到用户隐私和系统可靠性的重要保障。随着信息技术的快速发展，数据传输安全面临着越来越复杂的挑战，必须通过多层次的安全策略来应对这些挑战。

数据传输中的加密技术应用是确保信息在传输过程中的保密性与完整性的重要手段。通过加密，传输的数据即使被截获也难以被解读，从而有效防止信息泄露。现代加密技术如对称加密和非对称加密被广泛应用于智能传感器的数据传输中。对称加密由于其速度快、效率高，适合大数据量的实时传输；非对称加密因其密钥管理的安全性，被用于身份验证和密钥交换环节。加密技术的不断演进为数据传输安全提供了坚实的技术支持。

数据传输的身份验证机制是防止未授权用户访问智能传感器的数据与功能的关键措施。身份验证机制通过验证用户或设备的身份，确保只有授权的主体才能访问传感器网络。常用的身份验证技术包括基于密码的验证、双因素认证以及生物识别技术等。这些技术在智能传感器网络中得到了广泛应用，保障了数据传输的安全性。此外，随着物联网设备的普及，身份验证机制的复杂性和多样性也在不断增加，以应对日益增长的安全威胁。

传输过程中的数据完整性校验是确保数据在传输过程中未被篡改或损坏的重要技术手段。完整性校验通常通过校验码或哈希函数实现，接收方在收到数据后对其进行校验，以确认数据的完整性。任何未经授权的篡改或传输错误都会导致校验失败，从而触发报警或数据重传机制。完整性校验不仅提高了数据传输的可靠性，还为系统提供了重要的安全保障。

实时监控与日志记录机制在数据传输安全中扮演着不可或缺的角色。通过实时监控，系统能够及时发现并响应数据传输过程中的异常行为，例如异常流量或未经授权的访问尝试。日志记录为后续的安全审计与分析提供了翔实的数据支持。智能传感器系统通过对传输过程的全程监控与记录，能够快速定位并解决安全问题，提高系统的整体安全性与稳定性。

（三）数据压缩与解压

数据压缩与解压在智能传感器与电子信息技术的融合中扮演着重要角色。数据压缩技术的基本原理主要包括去冗余和信息编码。去冗余技术通过识别并去除数据中的重复信息来减少数据体积，而信息编码则通过高效的编码方式进一步压缩数据。这些技术方法的结合不仅能显著降低数据存储的需求，还能在数据传输过程中减少带宽占用，提高传输效率。智能传感器在采集大量数据后，利用数据压缩技术可以有效减轻后续数据处理和传输的负担。

无损数据压缩与有损数据压缩是数据压缩领域的两种基本方法。无损数据压缩确保在解压缩后数据完全恢复原样，适用于对数据完整性要求高的场景，如科学数据和文本文件的传输。有损数据压缩允许在压缩过程中丢弃部分数据，以换取更高的压缩比，常用于图像、音频等对数据精度要求不高的场合。智能传感器在不同应用场景下，需根据数据的重要性和应用需求选择合适的压缩方法，以实现资源的最佳配置。

数据压缩算法种类繁多，其中霍夫曼编码和 LZW 算法是两种经典的压缩算法。霍夫曼编码是一种基于字符出现频率的变长编码方法，适用于无损数据压缩，能够在保证数据完整性的前提下实现较高的压缩比。LZW 算法是一种基于字典的压缩方法，适用于多种数据类型且实现简单，具有较快的压缩速度。两者在性能上各有优劣，霍夫曼编码在压缩比上占优，而 LZW 算法在处理速度上更具优势。根据具体应用需求，智能传感器系统可选择适合的算法以优化性能。

数据解压缩技术的实现不仅涉及算法的选择，还需要考虑对数据完整性的保障。解压缩过程必须确保数据能够准确、完整地恢复，以便于后续的处理与分析。智能传感器系统在解压缩数据时，需通过严格的校验机制和冗余设计来保障数据的完整性与可靠性。有效的解压缩技术能够确保传输数据的可靠性，为智能传感器系统的稳定运行提供坚实的基础。

三、系统集成与互操作性

（一）系统集成流程

系统集成的需求分析是整个流程的起点，必须明确各模块的功能、性能指标和接口要求。这一步骤确保了系统整体目标的实现，通过详细的需求分析，能够有效识别各模块之间的相互依赖关系，以及它们在实际操作中的表现。需求分析不仅为后续的集成计划提供了明确的方向，还为系统的最终性能奠定了坚实的基础。

制订系统集成计划是系统集成流程中的重要环节。该计划需要明确时间节点、资源分配和责任人，以确保各项工作有序进行。计划的制订不仅需要考虑技术层面的要求，还需综合考虑人力资源和时间管理等因素。合理的计划能有效降低项目实施中的风险，提高项目的成功率。通过明确的责任分配和时间安排，团队成员能够在各自的领域内高效协作，共同推进项目进展。

在实施模块间的接口测试中，验证各模块在数据传输和功能交互上的兼容性与稳定性是关键。接口测试的成功与否直接影响到系统的整体性能表现。测试过程中，需要充分利用模拟环境和实际应用场景，确保模块间的数据传输顺畅，功能交互无误。接口测试不仅是对系统设计的一次检验，也是对系统稳定性和可靠性的重要保证。通过严格的接口测试，可以发现并解决潜在的兼容性问题。

进行系统集成后的整体测试是确保系统在实际应用中能够稳定运行的重要步骤。整体测试不仅评估系统的性能表现，还检验其在不同应用场景下的可靠性。通过模拟真实使用环境，整体测试能够揭示系统在高负载或异常条件下的表现，为系统优化提供数据支持。整体测试的结果是系统上线前的重要参考，通过分析测试数据，能够识别并解决潜在问题，确保系统在用户端的稳定运行。

（二）互操作性标准

在智能传感器与电子信息技术的融合中，互操作性标准是确保系统间有效协作的关键。互操作性被定义为不同系统之间实现数据共享与功能协同的能力，其重要性不言而喻。在当今复杂的技术环境中，系统通常由多个异构组件构成，这些组件需要能够相互通信并协同工作，以实现预期的功能。因此，互操作性标准的制定显得尤为重要，它不仅是技术实现的基础，也是行业发展的重要推动力。

互操作性标准的制定原则主要包括可扩展性、兼容性和安全性。可扩展性确保系统能够随着需求的变化进行调整和扩展，而不影响其基本功能。兼容性要求新旧系统之间能够有效协作，避免因技术更新而导致的资源浪费和功能失效。安全性是互操作性标准中不可或缺的一部分，尤其是在涉及敏感数据或重要功能时，确保系统间的数据传输和功能调用的安全性是重中之重。这些原则共同作用，以确保系统间的有效协作和长期可持续发展。

在具体实施过程中，不同通信协议之间的互操作性要求是一个重要的考虑因素。当前，通信协议种类繁多，如 HTTP、MQTT、CoAP 等，各自有其适用的场景和优势。为了确保数据能够在不同网络环境下顺利传输与解析，互操作性标准需要对这些协议进行统一的规范和协调。通过这种方式，系统可以在不同的网络环境中保持高效的通信能力，确保数据传输的可靠性和准确性。

数据格式的统一性在互操作性标准中具有重要意义。不同系统可能使用不同的数据格式，这给系统间的数据交换带来了挑战。通过制定统一的数据格式标准，可以确保不同系统能够无缝处理和理解接收到的数据。这不仅提高了系统间的数据交换效率，也为数据的进一步处理和分析奠定了基础。数据格式的统一性是实现互操作性的基础条件。

（三）集成测试方法

在智能传感器与电子信息技术的融合过程中，集成测试方法的应用至关重要。集成测试除了验证各个模块的独立功能，还要确保整个系统的协同工作能力。通过制订全面的测试计划，明确每一个测试步骤、所需资源以及人员分工，可以有效地保障测试过程的有序性与高效性。集成测试的目标设定包括验证系统整体功能的完整性和性能指标是否达到设计要求。只有在这方面达到预期，才能保证系统在实际应用中的可靠性和稳定性。

在集成测试过程中，实施模块间接口的验证测试是重点环节。通过对各模块在数据交互和功能协作中的兼容性与稳定性进行严格测试，可以确保系统在不同模块间的无缝连接。这种验证不仅是技术层面的要求，也是确保系统在复杂应用场景中能够正常运转的重要保障。国内外在这一领域的研究表明，模块间的接口测试直接影响到系统的整体性能和用户体验，因此必须给予高度重视。

进行系统集成后的性能评估是确保系统在实际应用环境中高效运行的关键。性能评估的主要关注点在于系统的响应时间和处理能力，这些指标直接关系到系统能否在高负载情况下保持稳定运行。通过模拟实际应用环境，对系统进行全面的性能测试，可以提前发现潜在问题并进行优化调整。这一过程不仅提高了系统的可靠性，也为未来的系统升级和扩展提供了数据支持。

建立问题记录与反馈机制是集成测试的重要组成部分。在测试过程中，及时记录发现的问题，并制定相应的解决方案，可以有效优化系统性能。通过不断的测试和反馈循环，系统的稳定性和性能可以得到持续提升。这种机制不仅有助于当前项目的成功实施，也为后续的技术开发和应用提供了宝贵的经验积累。通过这种方式，智能传感器与电子信息技术的融合系统能够更好地满足不断变化的市场需求和用户期望。

四、实时处理与响应机制

（一）实时数据处理

实时数据处理是智能传感器与电子信息技术融合中的关键环节。其基本原理涉及数据采集、分析和响应的连续性与即时性，这要求系统能够在极短的时间内完成从数据输入到输出的全过程。数据采集是实时处理的起点，通过高精度传感器获取环境信息，接着对数据进行快速分析，以便及时生成响应指令。这一过程强调信息传递的即时性，确保系统能够在变化的环境中迅速作出调整，从而实现更高效的自动化控制。

实时数据处理系统的架构设计至关重要，直接影响数据流的高效传输与处理。系统架构通常包括数据输入模块、处理模块和输出模块，各模块之间通过高速网络连接，确保数据在各节点间的快速流动。在设计中，考虑到数据量大、处理复杂的特点，系统需具备高度的可扩展性和灵活性，以适应不同应用场景的需求。此外，采用分布式计算和云计算技术，可以显著提升系统的并行处理能力，进一步优化数据处理效率。

在实时数据处理中，延迟管理技术是减少数据处理和反馈时间成本的关键。通过优化数据传输路径和提高处理器运算速度，可以有效降低系统延迟。采用先进的缓存策略和预测算法，能够提前处理部分数据，减少等待时间。这些技术的结合应用，能够确保系统在高负载情况下依然保持快速响应能力，从而提高整体系统的稳定性和可靠性。

数据过滤与聚合技术在实时数据处理中扮演着重要角色，可以提升处理效率和信息质量。在大量数据流入系统时，通过过滤技术去除冗余和无效信息，减少数据处理的复杂性。聚合技术将相关数据进行整合，形成更具价值的综合信息。这些技术的应用不仅提高了数据处理速度，还增强了信息的准确性和有效性，为后续的决策提供了可靠依据。

（二）响应时间优化

在智能传感器与电子信息技术的融合过程中，响应时间的优化是提升系统实时性的重要环节。响应时间直接影响系统的效率和用户体验，因此在系统架构设计中，需要通过多种策略来优化响应时间。

采用高效的数据流处理算法是优化响应时间的关键。这些算法能够有效减少数据分析和响应的时间延迟，通过快速的数据处理提升系统的整体实时性。数据流处理算法的选择和优化需要考虑数据特性和处理需求，以确保在不同应用场景下都能提供最佳性能。

优化数据传输路径是提高响应速度的一个重要途径。使用低延迟的网络协议可以有效地减少数据在传输过程中的延迟，从而确保系统能够快速响应。这不仅需要在网络协议的选择上进行优化，还需要在物理网络布局上进行合理的设计，以减少数据传输的物理距离和中间节点。通过这些措施，系统能够在数据传输环节实现快速响应，满足实时处理的需求。

实施边缘计算策略是优化响应时间的重要手段。边缘计算通过将数据处理任务分散到靠近数据源的边缘设备上，降低了中心服务器的负担，从而实现快速响应。这种策略不仅提高了数据处理的效率，还减少了数据传输的延迟。边缘计算的应用还可以通过智能设备的本地处理能力，进一步提升系统的实时性和可靠性。

为了进一步提高数据处理的效率，多线程和并行处理技术的引入是必要的。这些技术能够在同一时间处理多个数据任务，从而缩短响应时间。通过合理的线程管理和任务调度，系统可以有效利用多核处理器的计算能力，提升数据处理的并行性和效率。多线程和并行处理技术的应用需要对系统的任务特性和资源情况进行深入分析，以实现最佳的性能优化。

（三）中断处理机制

在实时系统中，中断处理机制确保系统能够迅速响应外部事件，从而维持系统的实时性和稳定性。中断处理的基本概念是，当外部事件发生时，系统能够暂时中止当前任务，优先处理紧急事件。这种机制对于智能传感器与电子信息技术的融合系统尤为重要，因为这些系统通常需要在复杂和动态的环境中运行，快速响应外部变化是其核心需求之一。通过有效的中断处理机制，系统能够实现更高效的资源管理和响应速度。

中断优先级管理是中断处理机制中的关键环节。它涉及根据事件的紧急程度设定中断优先级，以优化系统资源的分配和响应效率。在一个复杂的系统中，可能会同时发生多个中断事件，这时需要通过优先级管理来确保最紧急的事件得到及时处理。优先级的设定不仅要考虑事件的紧急性，还要考虑系统资源的使用情况，以避免资源的过度占用或浪费。通过合理的优先级管理，系统能够在多任务环境下保持高效和稳定的运行。

中断服务例程的设计原则是中断处理机制中的一个重要方面。服务例程的设计需要简洁高效，以减少中断处理对系统性能的影响。设计中断服务例程时，需要尽量缩短例程的执行时间，避免使用复杂的算法和耗时的操作。同时，例程中应尽量避免使用全局变量，以减少对系统其他部分的影响。通过优化服务例程的设计，可以显著提高系统的响应速度和整体性能，确保在处理中断时不影响系统的正常运行。

中断嵌套技术是处理高优先级中断时的一种有效手段。在复杂的实时系统中，可能会出现多个中断事件嵌套的情况，这时需要通过中断嵌套技术来保证系统的实时性。中断嵌套技术允许在处理一个中断的过程中，响应更高优先级的中断，从而确保最紧急的事件得到及时处理。这种技术需要对中断优先级进行精细的管理，并对中断服务例程进行优化，以避免嵌套中断对系统性能的负面影响。

第四章 智能传感器数据采集与预处理技术

第一节 数据采集的方法与技术要点

一、传感器选择与配置

（一）传感器类型分析

在智能传感器技术中，传感器类型的分析至关重要。传感器的种类繁多，包括温度传感器、压力传感器、加速度传感器、光电传感器等，每种传感器都有其独特的工作原理和适用范围。例如，温度传感器通常利用热电偶或热敏电阻来测量温度变化，而压力传感器则可能使用压电材料来检测压力的变化。这些传感器的选择不仅取决于测量对象的物理特性，还需要考虑应用场景的具体需求。通过对传感器类型的深入分析，可以为不同应用场景选择最合适的传感器，以确保数据采集的准确性和可靠性。

传感器的工作原理及其适用范围直接影响数据采集的效果。以光电传感器为例，其利用光电效应来检测光的强度或颜色变化，广泛应用于自动化生产线和智能家居系统中。了解传感器的工作原理有助于在设计数据采集系统时，合理配置传感器，并优化其性能。同时，传感器的适用范围也决定了其在不同环境条件下的表现，如温度、湿度、振动等因素对传感器性能的影响。因此，全面掌握传感器的工作原理和适用范围是确保数据采集系统高效运行的基础。

传感器的精度与灵敏度是影响数据采集质量的重要指标。高精度传感器能够提供更准确的数据，而高灵敏度传感器则能检测到微小的变化，从而提高系统的响应能力。在实际应用中，传感器的精度与灵敏度常常需要在成本、体积和功耗等因素之间进行权衡。为了实现最佳的数据采集效果，需要根据具体应用需求，选择合适的传感器精度和灵敏度。此外，还需考虑传感器的校准和误差补偿技术，以进一步提高数据的准确性。

不同类型传感器的响应时间与数据更新频率是选择传感器时需要考虑的重要因素。响应时间是指传感器从接收到信号到输出信号所需的时间，而数据更新频率则决定了传感器能够多快地提供新的数据。这些参数直接影响系统的实时性和动态响应能力。在高速数据采集应用中，选择响应时间短、数据更新频率高的传感器尤为重要。通过合理配置传感器的响应时间和数据更新频率，可以显著提升数据采集系统的性能和效率。

传感器的环境适应性与选择标准是确保传感器在各种环境条件下稳定工作的关键。传感器需要在不同的温度、湿度和振动条件下保持良好的性能，因此在选择传感器时，必须考虑其环境适应性。选择标准包括传感器的耐温性、抗干扰能力和防护等级等。通过合理的选择标准，可以确保传感器在复杂多变的环境中稳定运行，提供可靠的数据支持。

（二）传感器配置策略

有效的传感器配置策略不仅能够提高数据采集的效率，还能确保数据的准确性和完整性。在配置过程中，准确性、稳定性和可靠性是基本原则。准确性要求传感器能够精确地反映被测量对象的真实状态，稳定性要求传感器在长时间工作中保持性能不变，而可靠性则强调传感器在各种环境条件下的持续工作能力。这些原则共同确保了传感器系统能够在实际应用中发挥其应有的功能。

为了提高数据采集的效率和覆盖范围，传感器的布置优化策略显得尤为重要。在实际应用中，传感器的布置必须经过精心设计，以确保每个传感器能够覆盖特定的监测区域，同时避免资源的浪费。优化策略通常包括传感器的空间位置、方向和数量的合理安排，使得传感器网络能够最大限度地覆盖目标区域。此外，还需要考虑传感器间的相互干扰与信号衰减问题，制定合理的配置方案以降低这些负面影响。这些措施有助于形成一个高效、稳定的传感器网络。

在传感器配置中，应用场景的需求是选择合适传感器数量及其分布的关键因素。不同的应用场景对数据采集的要求不同，例如，环境监测、工业控制、医疗健康等领域对传感器的精度、响应速度和耐用性都有各自的要求。因此，配置过程中必须充分考虑这些需求，以确保选择的传感器数量和分布能够满足特定应用的要求。此外，合理的传感器配置能够有效地优化资源分配，降低系统成本，提高整体效率。

（三）传感器性能评估

传感器的性能直接影响数据采集的准确性和可靠性，因此，科学合理的性能评估方法至关重要。在进行传感器性能评估时，首先需要明确基本指标，包括精度、灵敏度和分辨率等。精度是衡量传感器测量值与真实值接近程度的指标，灵敏度反映传感器对输入变化的响应能力，分辨率则代表传感器能够区分的最小变化量。这些指标共同决定了传感器的基本性能水平。

在不同环境条件下，传感器的稳定性与可靠性是评估其性能的重要方面。传感器在实验室条件下表现优异，但在实际应用环境中可能受到温度、湿度、电磁干扰等因素的影响。因此，评估传感器在多变环境中的稳定性是确保其可靠性的重要步骤。这一过程通常需要通过一系列环境模拟测试来完成，以观察传感器在不同条件下的性能变化，并进行数据记录与分析。

利用标准化测试方法对传感器进行性能对比分析，可以客观地评价不同传感器的优劣。标准化测试方法提供了一套统一的评估标准，使得不同传感器的性能可以在相同条件下进行比较。这种方法不仅帮助用户选择最适合其需求的传感器，还能推动传感器技术的整体进步和发展。

评估传感器的数据输出一致性与信号噪声比是确保数据质量的重要步骤。数据输出一致性是指传感器在相同条件下多次测量的结果应保持一致，而信号噪声比则反映了传感器信号中有用信息与噪声的比例。通过提高信号噪声比，可以增强传感器的数据可靠性，确保在复杂环境中仍然能够提供高质量的数据。

二、数据采集系统架构设计

（一）系统模块划分

智能传感器数据采集系统的架构设计是实现高效数据采集的基础，其模块划分直接影响系统的性能和功能。系统模块划分需要考虑传感器层、数据处理层和应用层的功能划分。传感器层负责数据的初步采集和信号转换，确保数据的准确性和实时性。数据处理层承担数据的预处理、分析和存储功能，通过高效的算法实现对海量数据的处理。应用层为用户提供友好的界面和可视化工具，支持数据的监测和管理。这样的架构设计不仅提高了系统的灵活性和扩展性，还为未来的技术升级提供了良好的基础。

在数据采集系统的总体架构设计中，传感器层、数据处理层和应用层的功能划分至关重要。传感器层主要负责采集环境中的物理量，将其转换为可处理的信号。数据处理层通过高效的算法对采集到的数据进行预处理和分析，确保数据的准确性和可靠性。应用层为用户提供可视化的操作界面，使得数据的监测和管理更加直观和便捷。通过合理的功能划分，系统能够在保持高效数据处理能力的同时，提供灵活的应用支持。

数据传输模块的设计是确保数据从传感器到处理单元高效、安全传输的关键。该模块需要支持多种数据传输协议，以适应不同的网络环境和传输需求。同时，数据传输模块还需具备较强的抗干扰能力，确保数据在传输过程中不受外界环境的影响。此外，数据的加密和校验机制也是设计中的重要考虑因素，以保障数据传输的安全性和完整性。通过优化数据传输模块的设计，系统能够实现快速、可靠的数据传输。

在数据存储模块的选择中，需要充分考虑数据量大、访问频繁的需求。为此，系统应选择支持高效数据检索与管理的存储方案，如使用分布式数据库或云存储技术。这些技术不仅能够满足大数据量的存储需求，还能提供快速的数据访问和检索能力。此外，数据存储模块还应具备良好的扩展性，以应对未来数据量增长带来的挑战。通过合理选择存储方案，系统能够在数据量激增的情况下，依然保持高效的存储和检索能力。

数据处理模块的功能设定是数据采集系统中至关重要的一环。该模块需要包含数据预处理、分析算法及结果输出的具体流程。数据预处理主要包括数据清洗、格式转换和特征提取，确保输入数据的质量和一致性。分析算法根据具体应用需求进行设计，提供精确的数据分析结果。结果输出部分需要支持多种输出格式，以便于后续的数据应用和决策支持。通过合理设定数据处理模块的功能，系统能够高效地完成从数据采集到结果输出的全过程。

（二）数据流设计

数据流设计在智能传感器数据采集系统中扮演着至关重要的角色。有效的数据流设计需要综合考虑实时性、可靠性、安全性、格式标准化以及可扩展性等多方面的要求。

数据流的实时性要求是确保数据在采集后能够迅速传输至处理单元，以支持即时分析。这对于需要快速响应的应用场景尤为重要，例如，在自动驾驶系统和工业自动化中，传感器数据的延迟可能导致系统性能的显著下降。因此，优化数据传输路径和减少传输延迟成为实时性设计的核心任务。

数据流的可靠性设计旨在通过冗余传输和错误检测机制来提升数据传输的完整性。在传感器网络中，数据的丢失或错误可能会对后续分析和决策产生不利影响。为了应对这一挑战，系统可以采用多路径传输和数据包校验技术，以确保即使在某一路径出现故障时，数据仍然能够准确无误地到达目的地。此外，使用先进的错误检测和纠正算法也有助于提高数据传输的可靠性，确保数据在传输过程中保持完整和准确。

数据流的安全性考虑是保护数据在传输过程中的安全性，防止未经授权的访问和数据泄露。采用加密和认证技术是实现数据安全的重要手段。通过对数据进行加密，可以有效防止数据在传输过程中被窃取或篡改。同时，认证机制可以确保数据仅被授权用户访问，防止恶意攻击者的入侵。这些安全措施不仅保护了数据的机密性和完整性，还增强了系统的整体安全性。

数据流的格式标准化是确保不同传感器的数据可以在同一平台上进行处理与分析的关键。由于传感器种类繁多，数据格式各异，标准化的数据格式能够简化数据整合过程，提高系统的兼容性和互操作性。通过定义统一的数据格式标准，系统可以更高效地处理来自不同传感器的数据，支持跨平台的数据共享与协作，从而提升数据利用率和分析效率。

（三）系统集成方案

在智能传感器数据采集系统中，系统集成方案是确保各个组件高效协同工作的关键。系统集成方案不仅需要考虑传感器和处理模块的兼容性，还需确保系统整体的稳定性和可扩展性。通过标准化接口设计，不同传感器和处理模块之间的兼容性和互操作性得以实现。这种标准化接口设计在国内外的应用中表现出显著差异，尤其在接口协议的选择上，各国标准不尽相同。标准化接口能够有效减少数据传输过程中的延迟和误差，提高系统的整体效率。

基于云计算的存储与处理方案是现代数据采集系统的一个重要特征。云计算技术的引入，不仅提升了数据存储的灵活性，还增强了系统的计算能力。这种方案支持大规模数据的实时处理，使得系统能够及时响应各种数据分析需求。国内外对于云计算的应用也存在一定的历史演进，国内的云计算平台在处理能力和安全性上逐步接近国际水平。通过云计算的支持，数据采集系统能够更好地适应大数据时代的需求，为智能传感器技术的发展提供了坚实的基础。

集成智能算法与机器学习技术是实现数据分析自动化与智能化的重要途径。通过这些技术的应用，数据采集系统能够从海量数据中提取有价值的信息，提高决策支持的效率。智能算法的引入，为系统的自我优化提供了可能，使得系统在长期运行中能够不断提升性能。机器学习技术的发展起源于20世纪中叶，其在数据采集系统中的应用，为传统数据处理方式带来了革命性的变化，推动了智能传感器技术的进一步演进。

系统集成的测试与验证机制是保障各模块在集成后功能完整性与性能稳定性的关键。通过严格的测试与验证，能够发现系统集成过程中可能出现的问题，并及时进行调整与优化。这一机制在国内外的应用中，展现出不同的实践经验，尤其是在测试工具和方法的选择上，各国有着不同的标准和流程。通过有效的测试与验证，系统集成后的数据采集系统能够在实际应用中表现出更高的可靠性和稳定性。

三、数据采集接口与协议

（一）通信接口类型

通信接口在智能传感器数据采集中扮演着关键角色。不同类型的通信接口在传输数据时具有不同的性能和适用场景。串口通信接口，例如RS232和RS485，因其简单性和低成本，广泛应用于短距离数据传输场景。然而，串口的传输速率较低，通常不适用于需要高速数据传输的应用。并口接口统一提供更高的传输速率，适合于需要快速数据交换的应用，但由于其线缆复杂性和物理连接限制，逐渐被其他接口所取代。USB接口以其即插即用的特性和较高的传输速率，成为许多智能传感器的首选接口，广泛应用于个人计算机和便携式设备之间的数据传输。

Ethernet接口在网络化应用中扮演着重要角色，其高带宽和远距离传输能力，使其成为工业自动化和物联网应用中的理想选择。通过Ethernet接口，传感器数据可以直接传输到网络服务器，实现实时监控和数据分析。无线通信接口，如Wi-Fi、蓝牙和Zigbee，因其无须物理连接的优点，适用于移动设备和分布式传感器网络。然而，无线接口的信号稳定性和安全性设计需要特别关注，以确保数据传输的可靠性和安全性。

通信协议的标准化在数据采集中至关重要。标准化协议如TCP/IP、HTTP和MQTT等，确保了不同设备和系统之间的数据交换的兼容性与一致性。这种标准化不仅简化了设备的互联互通，也降低了系统集成的复杂性和成本。选择合适的通信协议，应根据应用场景的具体需求，考虑带宽、延迟、数据传输频率等因素，确保数据采集系统的高效运行。

接口的带宽和传输速率直接影响数据采集系统的性能。在实时数据传输需求较高的应用中，选择具有高带宽和快速传输速率的接口至关重要，以避免数据传输瓶颈和延迟问题。例如，在工业自动化领域，实时性要求极高，任何数据传输延迟都可能导致系统失灵或生产事故。因此，评估接口的传输能力和数据处理能力，是设计高效数据采集系统的关键步骤。

（二）数据传输协议

数据传输协议在智能传感器数据采集中扮演着关键角色，其定义为在网络通信中用于传输数据的规则和标准集合。它不仅确保数据从传感器到接收端的顺利传递，还在数据完整性和效率上发挥着重要作用。智能传感器通常需要在不同设备和平台之间进行数据交换，数据传输协议通过标准化的通信规则，确保了不同设备之间的兼容性和互操作性，这对于实现无缝的数据采集和处理至关重要。

常见的数据传输协议包括 MQTT、CoAP 和 HTTP 等，各自具备独特的特点和适用场景。MQTT 是一种轻量级的发布/订阅协议，适用于带宽受限和不稳定的网络环境，尤其在物联网设备中广泛使用。CoAP 是一种专为低功耗设备设计的协议，常用于资源受限的网络中。HTTP 作为一种通用的超文本传输协议，尽管在传输效率上不如前两者，但其普及性和成熟的技术生态使其在许多应用场景中仍然具有优势。选择合适的数据传输协议需要根据具体应用场景的需求来决定。

错误检测与纠正机制是数据传输协议中的重要组成部分，旨在确保数据在传输过程中的完整性与准确性。这些机制通常包括校验和重传请求以及纠错码等技术手段。通过这些机制，系统能够检测到传输过程中可能发生的错误，并采取相应的措施进行纠正，从而提高数据传输的可靠性。对于智能传感器的数据传输而言，错误检测与纠正机制是不可或缺的技术保障。

数据传输协议中的带宽管理与流量控制策略对于优化数据传输效率与系统性能至关重要。带宽管理通过合理分配网络资源，确保关键数据的优先传输，而流量控制则通过调节数据发送速率，防止网络拥塞和数据丢失。这些策略的实施不仅提高了数据传输的效率，还有效地降低了网络负载，提升了整体系统的响应速度和稳定性。

在数据传输协议中，安全措施是保护数据传输安全性的核心所在。数据加密、身份验证及访问控制是常用的安全手段。数据加密通过将数据转化为密文，防止未经授权的访问和窃取；身份验证通过确认通信双方的身份，防止中间人攻击；访问控制通过设定权限，确保只有授权用户才能访问数据。

（三）接口兼容性

在智能传感器数据采集中，接口兼容性不仅涉及硬件层面的连接，还包括软件层面的协议适配。接口兼容性的重要性体现在确保不同设备之间能够无缝连接与数据交换，这对于构建一个高效、可靠的物联网系统至关重要。随着传感器应用的多样化，设备间的互操作性需求不断增加，接口兼容性成为实现这一目标的基础。通过有效的接口设计，系统可以实现跨平台的数据共享，确保信息在不同设备之间流畅传递，从而提高整体系统的性能和可靠性。

支持多种通信协议的接口设计是提升系统灵活性与适应性的关键。现代智能传感器系统通常需要与多种设备和平台进行交互，这就要求接口能够适应不同的通信协议，如 I2C、SPI、UART 等。通过设计支持多协议的接口，系统可以在不同的应用场景中灵活应对，满足不同行业的特殊需求。这种设计不仅提高了系统的适应性，还降低了开发和维护的复杂度。通过统一的接口设计，开发者可以更方便地集成新设备，扩展系统功能，提升系统的整体效率。

接口标准化的必要性在于减少因接口不兼容导致的系统集成难题。标准化接口能够提供一致的连接和通信方式，使得不同厂商的设备能够在同一系统中协同工作。接口标准化还可以降低开发成本和时间，因为开发者无须为每个新设备设计特定的接口适配方案。这种标准化的接口设计不仅有助于提升系统的稳定性和可靠性，还能加速技术的普及和应用。通过推动接口标准化，行业可以实现更高效的资源整合，促进技术的快速迭代与进步。

接口兼容性测试的方法是确保在实际应用中不同设备能够正常工作的关键步骤。在设计阶段，接口兼容性测试可以识别潜在的兼容性问题，并在早期阶段进行调整和优化。常见的测试方法包括模拟测试、实地测试和兼容性验证等，通过这些测试，可以确保接口在各种环境下的稳定性和可靠性。测试不仅需要关注接口的物理连接，还需验证协议的正确性和数据传输的完整性。通过系统化的测试方法，开发者可以确保接口在实际应用中具备高水平的兼容性和性能。

第二节　数据预处理的流程与算法

一、数据清洗与异常值处理

（一）异常值检测方法

在智能传感器数据处理中，异常值检测是确保数据质量的关键步骤。基于统计学方法是最传统且广泛应用的技术。通过分析数据的分布特征，统计学方法能够识别并剔除那些超出正常范围的异常值。这种方法通常依赖于假设数据符合某种分布，如正态分布，进而通过计算均值和标准差等指标来定义异常值的阈值。然而，这种方法的有效性在于数据分布的假设准确性，当数据不符合假设分布时，可能会导致检测的偏差。因此，在实际应用中，结合其他方法以提高检测的准确性是常见的做法。

随着机器学习技术的发展，利用机器学习算法进行异常值检测逐渐成为一种趋势。孤立森林和支持向量机是其中的代表性算法。孤立森林通过构建多个决策树来隔离数据点，其核心思想是异常值更容易被隔离，因此在树的较浅层次就能被识别。与此类似，支持向量机通过寻找数据的最优分离超平面，能够有效地分类正常值和异常值。这些算法相较于传统统计方法，具有更高的灵活性和适应性，尤其在处理非线性和复杂分布数据时表现出色。此外，机器学习算法可以通过训练集学习数据的正常模式，从而自动检测和分类异常值，提高检测的准确性和效率。

时间序列分析技术在异常值检测中扮演着重要角色，尤其是在处理随时间变化的数据时。通过分析数据的时间序列特征，能够有效检测出异常波动，这对于识别潜在的突发事件或数据采集错误尤为重要。常用的方法包括自回归积分滑动平均模型和指数平滑法等，这些方法通过建模时间序列数据的趋势和季节性变化，能够在变化发生时及时识别异常。此外，时间序列分析还可以结合其他异常检测技术，共同提高检测的准确性。

（二）数据清洗策略

在智能传感器数据处理中，数据清洗策略的制定是确保数据集完整性和一致性的关键步骤。数据清洗的基本步骤包括数据格式标准化、缺失值填补和冗余数据剔除。数据格式标准化是指将数据转换为统一的格式，以便于后续处理和分析。这一过程可能涉及数据类型的转换、单位的统一等。缺失值填补是通过合理的估算或插值方法，对数据集中缺失的部分进行补全，以避免分析结果的偏差。冗余数据剔除是为了去除重复或无用的数据，减少计算量，提高数据集的精确性。这些步骤的有效实施，可以显著提高数据处理效率，并为后续的数据分析打下坚实基础。

在实施数据清洗过程中，应用数据预处理工具和库，如 Pandas 和 NumPy，可以显著提高处理速度和效率。这些工具提供了丰富的函数和方法，能够方便地进行数据的批量处理和转换。通过使用这些工具，数据科学家可以简化数据处理流程，减少手动操作的烦琐性和错误率。例如，Pandas 提供的数据框架结构，支持快速的数据筛选、排序和聚合操作，而 NumPy 则以其高效的数组运算功能著称。这些工具的应用，不仅提升了数据清洗的效率，也为大规模数据集的处理提供了技术支持。

制定数据清洗的标准操作程序是确保在不同项目和团队间保持数据处理一致性和可重复性的有效方法。标准操作程序的制定需要考虑数据清洗的各个环节，包括数据获取、预处理、存储和分析等。通过明确每个环节的操作步骤和标准，团队成员可以在数据处理过程中保持一致的操作规范，减少因个人操作差异导致的数据质量问题。此外，标准操作程序的制定还可以帮助新成员快速了解数据清洗流程，提高团队整体的工作效率和数据处理能力。这种标准化的流程管理，不仅提高了数据处理的可靠性，也为数据分析提供了更为稳定的基础。

结合实际应用场景，设计针对性的清洗策略是提升数据质量和后续分析可靠性的关键。不同类型的数据具有不同的特征和需求，因此，数据清洗策略的设计需要充分考虑数据的具体应用背景和特性。例如，对于时间序列数据，可能需要特别关注数据的时间戳一致性和周期性变化；对于地理空间数据，需关注数据的坐标精度和投影变换。在设计清洗策略时，需要结合领域知识和实际应用要求，灵活调整数据清洗的步骤和方法，以确保数据的高质量和分析结果的准确性。这种针对性的策略设计，可以有效地提高数据分析的效率和可靠性，为智能传感器技术的深入应用提供有力的支持。

二、数据归一化与标准化方法

（一）归一化技术

在数据预处理中，归一化技术的目的在于将不同量纲的数据转换为相同范围内的数值，从而使得后续的数据分析和处理更加便捷和有效。通过归一化，数据的各个特征被调整到一个统一的尺度上，这不仅有助于消除量纲的影响，还能增强数据的可比性和一致性。归一化的实施，尤其在大规模数据集的处理过程中，能够显著提升数据处理的效率和准确性，为智能传感器技术的进一步应用奠定坚实的基础。

在众多归一化方法中，最小、最大归一化是一种常用的技术。该方法将数据线性映射到［0，1］区间，保持了原始数据的分布特征，是处理需要保留相对关系的数据时的理想选择。其基本原理是通过将每个数据点减去数据集的最小值，然后除以数据集的范围，从而实现数据的线性缩放。这种方法虽然简单易行，但在处理存在异常值的数据集时，可能会受到极值的显著影响，因此在实际应用中需谨慎选择。

另一种常见的归一化方法是 Zscore 归一化。该方法通过减去数据的均值并除以标准差，将数据转换为标准正态分布。这种技术特别适合于数据分布较为均匀的情况，因为它能够有效地消除数据的偏态和峰度影响，使得数据更加符合正态分布的假设。Zscore 归一化在统计分析和机器学习中被广泛应用，尤其是在需要对不同数据集进行比较和聚类分析时，能够提供更加可靠的数据基础。

归一化技术在机器学习中具有重要意义。它不仅能够提高模型的收敛速度，还能提升预测的准确性。在特征尺度差异较大的数据集中，归一化可以有效避免训练过程中的不稳定性，确保模型能够更快地达到最佳状态。此外，通过归一化处理，模型的训练过程对初始参数的依赖性减弱，使得模型的泛化能力得以增强。这对于智能传感器数据的实时处理和分析尤为关键，有助于提高智能系统的响应速度和决策质量。

（二）标准化技术

在数据预处理中，标准化技术的目的是将不同量纲的数据转换为具有统一标准的数值。这样的转换不仅简化了数据的处理流程，还为后续的分析提供了便利。标准化的核心在于消除数据的量纲差异，使不同特征的数据在同一尺度上进行比较。这一过程对于智能传感器采集的数据尤为重要，因为这些数据往往来源于不同的传感器，具有不同的物理量纲。通过标准化，数据分析师能够更容易地识别出数据中的潜在模式和趋势，从而提高数据处理的效率和准确性。

Zscore 标准化方法是数据标准化中最常用的技术之一。该方法通过将每个数据点减去数据集的均值，然后除以标准差，来实现数据的标准化。这一过程将数据转换为标准正态分布，即均值为 0，标准差为 1 的分布形式。Zscore 标准化特别适用于数据分布较为均匀的情况，因为它能有效地处理数据中的离群值，并确保数据的分布特性保持不变。对于智能传感器数据而言，Zscore 标准化有助于消除不同传感器之间的尺度差异，使得数据在分析和建模过程中更加一致和可靠。

在机器学习领域，标准化技术的重要性不言而喻。标准化能够显著提高模型的收敛速度，这是因为在标准化后的数据中，各特征的尺度一致，优化算法能够更快地找到最优解。此外，标准化还能提高模型的预测准确性，避免因特征尺度差异导致的训练不稳定性。例如，在梯度下降算法中，若特征的尺度差异过大，可能会导致学习速率的不平衡，从而影响模型的性能。在智能传感器数据分析中，标准化技术的应用能够确保模型在训练过程中更加稳定，并提高最终的预测效果。

标准化技术在数据挖掘和模式识别等领域具有广泛的应用。在这些领域中，数据通常有多种来源，具有不同的特征和量纲。通过标准化，能够确保不同特征在模型训练中具有同等的重要性和影响力。这对于智能传感器数据尤为关键，因为传感器数据往往包含多种物理量，如温度、压力、湿度等，标准化能够有效地消除这些物理量之间的差异，使得模型能够更准确地识别数据中的模式。此外，在实际应用中，标准化还能够提升算法的计算效率，降低模型的复杂度，从而提高整个系统的性能。

三、特征选择与降维技术

（一）特征选择方法

特征选择作为数据预处理中的关键步骤，旨在从原始数据中提取最具代表性的特征，提升模型性能并减少计算复杂度。特征选择的基本概念在于通过选择对模型预测最有贡献的特征，减少数据的冗余性和噪声，从而提高模型的泛化能力。通过有效的特征选择，数据维度得以降低，计算资源得以节省，同时也有助于避免过拟合现象的发生。在智能传感器数据处理中，特征选择尤为重要，因为传感器数据往往具有高维度和复杂的特性。

基于过滤的方法是一种常见的特征选择策略，它通过统计指标评估特征与目标变量之间的关系。常用的统计指标包括相关系数、卡方检验、信息增益等。这些指标能够量化特征与目标变量的相关性，从而帮助选择出最具代表性的特征。过滤方法的优点在于其计算效率高，适用于大规模数据集，但其缺点在于忽略了特征之间的相互作用，仅考虑单个特征与目标变量的关系。尽管如此，过滤方法在初步特征选择中仍然具有重要的应用价值。

与过滤方法不同，基于包裹的方法直接利用特定的机器学习算法评估特征子集的性能。通过交叉验证等技术，包裹方法在不同特征子集上训练模型，选择出能够提供最佳性能的特征组合。由于包裹方法考虑了特征之间的相互作用，因此通常能够获得更好的模型性能。然而，这种方法计算复杂度较高，尤其是在特征数量较多的情况下，训练时间可能会显著增加。因此，包裹方法通常在特征数量相对较少或计算资源充裕的情况下使用。

嵌入方法是将特征选择过程嵌入到模型训练中，通过优化算法自动选择最优特征。常见的嵌入方法包括 L1 正则化、决策树等。这类方法的优势在于能够在模型训练的同时进行特征选择，从而提升模型的预测能力。嵌入方法不仅考虑了特征与目标变量的关系，还考虑了特征之间的相互作用，能够在一定程度上避免过拟合问题。

（二）降维算法

降维算法在智能传感器数据处理过程中扮演着关键角色，旨在通过减少数据维度来简化数据集，同时保留尽可能多的有用信息。降维不仅有助于降低计算复杂度，还能改善模型的性能和可视化效果。不同的降维方法各有其适用场景和优势。主成分分析是一种经典的降维技术，通过线性变换将数据投影到低维空间，最大化保留数据的方差。主成分分析的核心思想是找到一个新的坐标系，使得数据在新坐标系下的投影方差最大，这样可以提取出数据中最重要的特征。尽管主成分分析在许多应用中表现出色，但其线性特性可能限制了对非线性数据集的处理能力。

线性判别分析主要用于分类问题，通过寻找最佳投影方向，使得同类样本尽可能靠近，而异类样本尽可能远离。线性判别分析不仅实现了降维，还提高了分类性能。与主成分分析不同，线性判别分析不仅考虑数据的方差，还考虑类别标签信息，从而在降维的同时增强了数据的可分性。然而，线性判别分析假设数据服从正态分布且各类别具有相同的协方差矩阵，这在某些复杂数据集中可能不成立。

t分布随机邻域嵌入是一种非线性降维方法，特别适合于高维数据的可视化。t分布随机邻域嵌入通过保持相似数据点之间的距离关系，能够有效展示数据的潜在结构，尤其在处理复杂的非线性数据时表现突出。t分布随机邻域嵌入的核心在于其能将高维数据映射到低维空间，同时尽可能保持局部邻域关系。这种特性使得t分布随机邻域嵌入在数据可视化领域广受欢迎，尤其是在揭示数据中隐藏的模式和结构时。

自编码器作为一种深度学习模型，通过神经网络学习数据的低维表示，自编码器能够在保留关键信息的同时去除冗余特征，实现有效的降维处理。自编码器由编码器和解码器组成，编码器负责将输入数据压缩到低维空间，而解码器则尝试从低维表示重构出原始数据。通过这种方式，自编码器不仅实现了降维，还能对数据进行去噪处理。

四、数据插值与缺失值填补

（一）插值方法

插值方法在数据预处理中扮演着至关重要的角色，尤其是在智能传感器技术领域。智能传感器在数据采集过程中可能会遇到数据缺失或不完整的情况，这时插值方法可以有效地估算缺失数据，提高数据的完整性和可靠性。插值方法的选择通常取决于数据的特性和应用场景。线性插值方法通过连接已知数据点，使用线性方程来估算未知值。这种方法简单且快速，适用于数据变化平稳的情况，能够在不引入复杂性的前提下提供合理的估算。然而，当数据变化剧烈或存在非线性趋势时，线性插值可能无法提供足够的精确度。

多项式插值是另一种常用的方法，它通过高阶多项式来拟合已知数据点，能够捕捉更复杂的数据趋势。这种方法的优点在于其灵活性，可以适应不同的变化模式。然而，多项式插值也存在一定的局限性，特别是在高阶多项式的情况下，容易导致过拟合问题，使插值结果在数据点之外的区域出现异常波动。

因此，在实际应用中，选择多项式的阶数时需要谨慎，以平衡拟合精度和过拟合风险。

样条插值作为一种分段多项式插值方法，利用每个区间内的低阶多项式（如三次样条）进行插值，提供平滑的函数曲线。这种方法特别适合于需要平滑过渡的应用场景，如图像处理和曲线拟合。样条插值的优势在于其能够在保持整体平滑性的同时，避免高阶多项式插值可能出现的过拟合问题。此外，样条插值的计算复杂度相对较低，适合于大规模数据集的处理。

（二）缺失值填补策略

数据预处理是智能传感器技术中至关重要的一环，尤其是在面对数据缺失的情况下，选择合适的填补策略可以显著提高数据分析的准确性和可靠性。缺失值填补策略的选择需根据数据的特性和应用场景进行，旨在最大限度地保留数据的原始信息和特征。不同的填补方法各有优劣，具体选择需结合数据的分布情况、缺失率以及对后续分析的影响进行综合考虑。

均值填补法是一种简单而有效的缺失值填补策略，尤其适用于数据分布较为均匀的情况。这种方法通过计算缺失数据所在特征的均值来替代缺失值，从而在不引入过多偏差的情况下，维持数据集的完整性。均值填补法的优点在于其计算简便，易于实现，且在数据缺失比例较低时，能够有效减少因缺失数据导致的分析偏差。然而，该方法在数据分布不均或存在极值的情况下，可能会导致填补结果偏离真实值。因此，在实际应用中，需结合数据特征，谨慎选择是否采用均值填补法。

最近邻填补法是一种基于邻近性原则的填补策略，广泛应用于智能传感器数据的预处理中。该方法通过寻找与缺失值最近的已知数据点，并利用其值进行填补，从而在保留数据局部特征的同时，最大限度地减少信息损失。最近邻填补法的优势在于其对数据局部结构的敏感性，能够在数据集存在局部模式时，提供更加准确的填补结果。然而，选择合适的邻居数目（K 值）对填补效果至关重要，过大的 K 值可能导致过度平滑，而过小的 K 值则可能引入噪声。因此，在应用该方法时，需结合数据特性进行参数调优。

多重插补法是一种先进的缺失值填补策略，通过多次随机抽样生成多个填补数据集，并结合统计模型分析结果，提供更为可靠的缺失值估计。该方法的核心思想是将缺失值视为随机变量，通过多重插补生成的填补数据集，能够更好地反映数据的内在不确定性和变异性。多重插补法在智能传感器数据处理中具有广泛的应用前景，特别是在数据缺失比例较高或数据分布复杂的情况下，能够显著提高填补结果的准确性和稳定性。然而，该方法的计算复杂度较高，需结合具体应用场景进行权衡与选择。

第三节　数据压缩与存储技术

一、数据压缩算法的基本原理

（一）编码理论基础

编码理论是一门研究信息表示方式及其在数据压缩中的应用的学科。其基本概念涉及如何有效地将信息转换为便于处理和传输的形式。在数据压缩中，编码理论提供了数学基础，使得数据可以在减少冗余的同时保留其核心内容。通过编码理论，信息可以被表示为比特序列，这些序列在压缩过程中起着关键作用。编码理论的应用除了数据压缩，还广泛用于信号处理和通信领域，影响着数据传输与存储的效率。

熵编码与固定长度编码是编码理论中的两种重要方法。固定长度编码为每个符号分配相同长度的代码，而熵编码则根据符号出现的概率分配不同长度的代码。熵编码的核心在于利用符号的统计特性来提高压缩效率，使得常见符号使用较短的代码，而不常见符号使用较长的代码。这种差异使得熵编码在压缩效率上明显优于固定长度编码，尤其在数据冗余较大的场景中。

哈夫曼编码是熵编码的一种经典实现，其原理是根据符号出现频率构建二叉树，并为每个符号分配相应的二进制代码。哈夫曼编码通过这种方法实现了无损压缩，是实际数据压缩中常用的技术之一。在许多应用中，哈夫曼编码因其简单且高效的特性被广泛采用，尤其在文件压缩和图像处理等领域。

算术编码与哈夫曼编码相比，具有更高的压缩效率，特别是在符号集较大或概率分布较为复杂的情况下。算术编码通过将整个消息映射到一个区间上，并通过不断缩小区间实现压缩。其优势在于能够更精细地处理概率信息，从而在高效压缩需求下表现出色。算术编码的应用场景包括视频编码和高精度数据压缩等领域。

（二）压缩比与效率

压缩比是衡量数据压缩效果的重要指标，其定义为压缩后数据大小与原始数据大小的比值。这个指标不仅反映了压缩算法的效率，也在很大程度上影响了数据存储和传输的成本。在智能传感器技术中，传感器采集的数据量通常非常庞大，因此高压缩比对减少数据存储空间和提高传输效率具有重要意义。压缩比的计算方法相对简单，但其结果对数据处理的整体性能有着深远的影响。

影响压缩比的因素多种多样，主要包括数据类型、结构复杂性以及所采用的压缩算法。不同类型的数据对压缩算法的适应性不同，例如，图像数据与文本数据的压缩需求和方法各有差异。结构复杂性也直接影响压缩效果，复杂的数据结构可能需要更为复杂的算法来实现有效压缩。在选择压缩算法时，针对数据特征的深入分析有助于选择最合适的算法，从而显著提高压缩效率。

压缩效率的衡量标准通常包括压缩时间、解压缩时间及资源消耗等多个方面。高效的压缩算法应在尽可能短的时间内完成数据压缩和解压缩，同时尽量减少资源的占用。这些指标对于实时数据处理尤为重要，因为在许多应用场景中，数据处理的速度直接影响系统的响应能力和用户体验。因此，优化压缩效率是提升数据处理整体性能的关键。

（三）算法复杂度分析

在智能传感器技术中，数据压缩算法的复杂度分析是确保高效数据处理的关键。算法复杂度通常包括时间复杂度和空间复杂度，这两者在数据压缩中具有重要意义。时间复杂度衡量算法执行所需的时间，而空间复杂度则衡量算法运行时所需的内存。理解这些概念有助于设计出能够在资源受限环境中高效运行的压缩算法。特别是在处理大量传感器数据时，选择合适的算法复杂度能够显著提高系统的整体性能。

不同压缩算法的时间复杂度对压缩速度有直接影响。在智能传感器应用中，实时性是一个重要的考量因素，因此需要对各种算法的时间复杂度进行详细分析。例如，一些简单的压缩算法可能具有较低的时间复杂度，但压缩效果不佳，而复杂算法虽然压缩效果好，但可能因时间复杂度高而导致速度变慢。因此，在选择压缩算法时，需要权衡压缩速度与压缩效率，以满足实时数据处理的需求。

空间复杂度在压缩算法性能中扮演着重要角色。压缩算法需要消耗一定的内存资源，因此优化内存使用能够显著提高数据处理效率。在智能传感器系统中，内存资源有限，因此在设计压缩算法时，需要考虑如何在不影响压缩效果的前提下，降低空间复杂度。这不仅有助于提高系统的响应速度，还能降低硬件成本，提升整个系统的经济性和实用性。

在实际应用中，通过算法复杂度评估来选择合适的压缩方法是满足性能需求的有效途径。具体来说，工程师需要根据传感器数据的特征和处理需求，评估不同算法的复杂度，以选择最适合的压缩方案。例如，在处理高频率、大数据量的传感器数据时，低时间复杂度的算法可能更为适合，而在存储空间受限的情况下，低空间复杂度的算法则更具优势。

二、无损压缩与有损压缩技术

（一）无损压缩方法

无损压缩方法在现代数据处理技术中具有重要地位，其基本定义与特点在于确保数据在压缩过程中不丢失任何信息，能够完全恢复原始数据。无损压缩技术的核心在于通过算法优化数据表示形式，从而减少数据所占用的存储空间，而不影响数据的完整性。这种技术在智能传感器数据处理中尤为重要，因为传感器数据的准确性直接影响到后续数据分析和决策的有效性。无损压缩方法的应用范围广泛，尤其在需要保证数据完整性的领域，如医疗数据、科学实验数据等。

常用的无损压缩算法，如 Lempel Ziv Welch（LZW）和 Deflate，已被广泛应用于各种数据类型的高效压缩。LZW 算法通过构建动态字典来替代重复的数据片段，极大地提高了压缩效率。而 Deflate 则结合了 LZ77 和霍夫曼编码，进一步优化了压缩比。这些算法在智能传感器数据处理中提供了灵活的解决方案，能够适应不同数据格式和传输条件，确保数据在压缩后的传输和存储过程中保持高效和完整。

无损压缩在数据传输中的重要性不容忽视。通过减少数据量，无损压缩技术能够有效降低网络带宽的占用，提升数据传输的速度和效率。在智能传感器网络中，传输带宽通常有限，因此无损压缩技术的应用可以显著提高数据传输的可靠性和实时性。此外，保证数据的准确性和完整性对于许多应用场景来说至关重要，尤其是在需要实时监控和分析的环境中。

在图像和音频处理领域，无损压缩技术同样发挥着关键作用。图像和音频数据通常具有较大的数据量，直接存储和传输会占用大量的存储空间和带宽。通过无损压缩，可以在不损失任何信息的情况下，显著减少数据的存储和传输成本。这对于智能传感器在图像识别、音频分析等方面的应用具有重要意义，在确保数据质量的同时，也提升了系统的整体性能。

（二）有损压缩方法

在数据处理中，有损压缩方法是指在压缩过程中会丢失部分数据，从而降低数据质量，但能显著降低文件大小。这种方法常用于需要节省存储空间或提高传输效率的场景中。虽然数据质量会有所损失，但通过合理的技术手段，仍能在大多数应用中保持数据的可用性和可接受性。随着数字化信息的爆炸式增长，有损压缩方法的应用愈加广泛。

常见的有损压缩算法，如 JPEG 和 MP3，分别用于图像和音频数据，能够在保持可接受质量的同时实现高效压缩。JPEG 算法通过对图像的色彩和亮度进行分块处理，去除人眼不易察觉的细节，从而大幅降低图像文件的大小。MP3 通过分析音频信号的频谱，去除人耳不易听到的声音成分，达到压缩音频文件的目的。这些算法的成功应用，展示了有损压缩在平衡数据质量和存储效率方面的优越性。

有损压缩在流媒体应用中的重要性不容忽视。它通过减少数据量，提高了传输效率，确保用户能够流畅地访问和播放内容。在网络带宽有限的情况下，有损压缩技术使得视频和音频流的实时传输成为可能。用户在享受高清音、视频的同时，几乎感觉不到质量的下降，这一特点使得有损压缩成为流媒体服务提供商的首选技术之一，推动了在线娱乐行业的快速发展。

有损压缩技术的使用场景特别适合于对数据质量要求相对宽松的领域，如在线音乐和视频流服务。在这些领域，用户更关注内容的可访问性和流畅性，而不是绝对的质量保真度。因此，有损压缩能够在不显著影响用户体验的前提下，实现带宽和存储资源的高效利用。此外，它还被广泛应用于移动设备和云存储中，帮助减少数据传输时间和降低存储成本。

有损压缩与无损压缩的选择依据通常依赖于应用需求、数据特性和用户对质量的接受程度。在某些应用中，数据的完整性至关重要，此时无损压缩是唯一选择。然而，在多数娱乐和消费类应用中，有损压缩的优势更加显著。选择合适的压缩方法需要综合考虑数据的重要性、存储和传输资源的限制，以及用户对质量的主观感受，从而在效率和质量之间找到最佳平衡。

（三）应用场景对比

在智能传感器技术与电子信息技术的融合研究中，数据压缩技术的选择直接影响应用场景的实现效果。无损压缩技术在医疗影像数据存储中发挥着关键作用。由于医疗影像数据对质量的要求极高，任何信息的丢失都可能导致诊断错误，因此无损压缩能够在不损失影像质量的前提下，显著节省存储空间。这种技术确保了影像数据的完整性和可用性，尤其在需要长时间保存的情况下，其重要性更加突出。

在视频监控系统中，有损压缩技术展现了其独特的优势。视频监控需要实时传输大量数据，如何在有限的带宽条件下实现高效传输成为关键。有损压缩通过降低数据量，能够显著提高传输效率，满足监控系统的实时性需求。虽然这种方法会导致数据质量的轻微下降，但在监控应用中，适度的质量损失通常是可以接受的，尤其当监控目标是动态画面时，其影响更为有限。

科学数据传输对数据的准确性和完整性有着极高的要求，因此无损压缩在这一领域的重要性不言而喻。科研活动中，实验数据的任何细微变化都可能影响结果的可信度，无损压缩技术的应用确保了数据在传输过程中的完整性。这对于需要跨地域或长期传输的科研项目尤为重要，能够有效避免数据丢失或篡改的风险，从而保障科学研究的严谨性和可靠性。

在在线音乐流媒体服务中，有损压缩技术被广泛应用。音乐文件通常较大，直接影响用户的访问速度和流量消耗。有损压缩通过减少文件大小，显著提高了用户的访问速度，提升了用户体验。尽管音质有所下降，但对于大多数用户而言，这种质量损失在可接受范围内，尤其是在移动设备上或非高保真设备环境中，用户更倾向于流畅的播放体验而非极致的音质。

三、数据存储格式与结构优化

（一）文件格式选择

在智能传感器数据的存储过程中，文件格式的选择至关重要。选择适合的文件格式可以确保数据的可读性和兼容性，便于不同系统和软件的使用。不同的文件格式在数据表示和存储方面具有不同的特性，因此在选择时需要考虑数据的类型、用途和操作环境。对于需要跨平台使用的数据，选择具有广泛兼容性的格式尤为重要，这样能够确保数据在不同操作系统和应用软件中无缝使用。

文件格式对数据压缩效率的影响是选择过程中必须考虑的因素之一。有效的文件格式能够显著降低文件大小，从而节省存储空间和传输带宽。压缩效率高的格式在存储大量传感器数据时尤为重要，因为这不仅能降低存储成本，还能提升数据传输速度。然而，高压缩率的格式可能会对数据的压缩和解压缩速度产生影响，因此需要在压缩效率和速度之间找到平衡。

评估文件格式对数据访问速度的影响是优化数据存储结构的一个关键点。在智能传感器应用中，数据的快速读取和写入操作至关重要，尤其是在实时应用场景中。选择支持快速访问的文件格式可以显著提升系统性能，减少数据处理的延迟。文件格式的设计应支持高效的索引和检索机制，以加快数据的存取速度，从而满足应用的实时性要求。

支持元数据存储的文件格式在数据管理和检索中具有重要作用。元数据提供了关于数据的附加信息，如时间戳、传感器位置和数据类型等，这些信息有助于数据的组织、分类和检索。选择支持元数据存储的格式能够提高数据的可用性和管理效率，尤其是在需要对大量数据进行复杂查询和分析的场景中，元数据的有效管理显得尤为重要。

（二）数据库结构设计

在智能传感器数据采集与预处理过程中，数据库结构设计是确保数据高效管理和利用的关键。数据库结构设计的基本原则包括数据的一致性、完整性和可扩展性，这些原则是保证系统稳定性和灵活性的基础。数据的一致性确保数据库中的信息在任何时刻都是准确和同步的，完整性保证数据的准确性和可靠性，而可扩展性则为系统未来的扩展和升级提供了可能性。这些原则共同作用，构建出一个稳健且灵活的数据库系统，能够适应不断变化的数据需求。

为了满足不同数据类型和访问模式的需求，采用关系型数据库与非关系型数据库相结合的设计是一个有效的策略。关系型数据库以其结构化查询语言（SQL）和数据完整性约束而闻名，适用于结构化数据的存储和管理。非关系型数据库以其灵活的数据模型和高效的访问性能，适合处理非结构化数据和大数据量的应用场景。通过结合两者的优点，系统能够更好地处理多样化的数据需求，提高整体数据管理的效率和灵活性。

在数据库设计中，数据表的规范化设计是减少数据冗余、提高数据存储效率和查询性能的重要手段。规范化设计通过将数据分解为更小的表并消除重复信息，确保数据的一致性和完整性。这种设计方法不仅提高了数据的存储效率，还优化了查询性能，使得数据访问更加迅速和准确。规范化的数据库结构能够有效降低数据冗余，提高系统资源的利用效率。

索引策略的制定是优化数据检索速度的重要环节。通过在数据库中建立适当的索引，可以显著提升系统的响应能力和用户体验。索引类似于书籍的目录，通过快速定位所需数据的存储位置，加快了查询速度。然而，索引的设计需要权衡存储空间和检索速度之间的关系，以避免过多的索引带来的存储开销和维护复杂性。因此，合理的索引策略是数据库性能优化的关键。

（三）存储效率提升

在智能传感器技术与电子信息技术的融合研究中，数据存储效率的提升是一个重要的研究方向。随着数据量的爆炸式增长，如何有效地压缩和存储这些数据成为关键。采用高效的数据压缩技术，可以显著减少存储空间的占用，提高数据存储的密度和效率。这些技术通过减少冗余数据和优化压缩算法，不仅降低了存储成本，还提高了数据传输的速度和效率。通过对压缩算法的不断改进和优化，能够在保证数据完整性的同时，实现更高的压缩比和更快的解压速度。

优化数据库索引策略是提升存储效率的一个重要手段。通过合理设计和优化索引结构，可以显著提升数据检索的速度，减少查询时间和资源消耗。索引策略的优化需要综合考虑数据的访问频率、查询模式以及数据的更新频率等因素，以实现最佳的性能表现。在实际应用中，索引的选择和设计需要根据具体的应用场景进行调整，以达到平衡查询速度和存储开销的目的。

实施数据分区与分片策略是提高存储系统并发处理能力的有效方法。根据数据访问模式，将数据进行合理的分区和分片，可以显著提高存储系统的并发处理能力。这种策略不仅能够提高数据的访问速度，还能有效地分散存储负载，减少单一存储节点的压力。在大规模数据存储系统中，分区与分片策略的实施需要结合负载均衡和数据一致性等因素，确保系统的稳定性和可靠性。

利用云存储技术是实现灵活存储扩展和动态资源分配的重要途径。云存储技术通过提供弹性扩展能力和按需分配的资源，能够有效提升数据存储的可靠性和灵活性。云存储的动态资源分配功能，使得存储系统可以根据实际需求动态调整资源配置，从而提高资源利用效率。在智能传感器数据存储中，云存储技术的应用不仅提高了存储的可靠性，还为数据的备份和恢复提供了便捷的解决方案。

第五章　智能传感器信号传输与通信技术

第一节　信号传输的基本原理与方式

一、模拟信号与数字信号的传输特性

（一）模拟信号特性

模拟信号在信息传输过程中具有独特的性质，其最显著的特点是其连续性。模拟信号能够在时间和幅度上实现无限细腻的变化，这种特性使得模拟信号可以精确地表达自然界中的物理量。然而，这种连续性也使得模拟信号对噪声和干扰极为敏感。在信号传输的过程中，模拟信号容易受到外部环境的影响，例如电磁干扰、温度变化等，这些因素都可能导致信号的失真和衰减。为了克服这些问题，模拟信号在传输过程中通常需要采用特定的调制和解调技术，以保持信号质量并确保信息的准确传递。此外，模拟信号的传输距离通常受限于信号的衰减和失真，这也是模拟信号传输的一大挑战。

模拟信号的传输不仅在距离上受到限制，其带宽要求也较为苛刻。由于模拟信号需要适应不同频率成分的传输，因此其带宽通常较宽。这种宽带宽的需求使得模拟信号在传输过程中需要占用较多的频谱资源，这在一定程度上限制了其在现代通信系统中的应用。尽管如此，模拟信号在一些特定的应用场景中仍然具有不可替代的优势。例如，在音频和视频信号的传输中，模拟信号能够更好地保留原始信号的细节和质感，这在高保真音响系统和高清晰度视频传输中尤为重要。

为了提高模拟信号的传输效率和质量，现代通信技术中常常结合使用模拟和数字信号处理技术。通过对模拟信号进行数字化处理，可以有效降低信号对噪声和干扰的敏感性，并延长传输距离。这种技术的融合不仅提高了信号传输的可靠性，也为智能传感器技术的发展提供了新的可能性。

（二）数字信号特性

数字信号作为现代通信技术的核心，在信号传输领域展现出独特的优势。

其离散性特征使得数字信号在时间和幅度上具有明确的取值，这一特点不仅便于处理和存储，还提升了信号的稳定性和可靠性。数字信号的离散性使其在传输过程中能够有效地抵御外界干扰和噪声的影响，尤其是在恶劣环境下，仍能保持较高的信号质量。这种抗干扰能力使得数字信号在工业、医疗等对信号准确性要求较高的领域中得到广泛应用。

数字信号的传输距离通常较长，得益于中继和放大技术的辅助，可以有效减少信号在长距离传输中的衰减。通过在传输链路中加入中继器和放大器，数字信号在经过多次传输后，仍能保持其原有的质量和精度。这种特性使得数字信号在跨区域、跨国界的通信中具有显著的优势，成为全球通信网络的基础。此外，数字信号的带宽需求相对较窄，这意味着在有限的频谱资源中，数字信号可以实现高效的传输。这一特性不仅提高了频谱资源的利用率，还为多用户同时通信提供了可能。

在数字信号传输中，编码和调制技术的多样化为其在不同应用场景中的灵活应用提供了保障。根据具体的应用需求，数字信号可以采用不同的编码方式，如二进制编码、曼彻斯特编码等，以适应不同的传输介质和环境。同时，调制技术的发展也使得数字信号能够在各种频段上进行传输，如幅移键控、频移键控和相移键控等。这些技术的多样化不仅提高了数字信号的传输效率，还为复杂通信系统的设计和实现提供了丰富的选择。

（三）信号转换方法

信号转换方法在现代电子信息系统中扮演着关键角色。信号的转换过程通常涉及模拟信号与数字信号之间的互相转换，这一过程对信号的传输和处理至关重要。模数转换器和数模转换器是实现这种转换的核心器件。模数转换器将模拟信号转换为数字信号，使其能够被数字系统处理，而数模转换器则将数字信号转换回模拟信号，以便驱动模拟设备。这些转换器的工作原理涉及采样、量化和编码等步骤，每个步骤都对信号的保真度和传输效率产生直接影响。了解这些原理对于设计高效的信号传输系统至关重要。

在信号转换过程中，采样定理是一个重要的理论基础。根据采样定理，信号必须以至少两倍于其最高频率的速率进行采样，以避免信息丢失。这一原则直接影响信号的质量和完整性，确保在数字化过程中保留足够的信息。然而，在实际应用中，采样速率的选择往往需要在信号质量和系统资源消耗之间进行权衡。此外，量化过程中的误差也是影响系统性能的关键因素。量化误差是由于有限的比特数导致的信号幅度不连续性，过大的量化误差会显著降低信号的精度和可用性。

为了提高信号转换的质量，滤波技术常被用于减少混叠效应。混叠是由于采样频率不足导致高频信号折叠到低频范围的一种现象。通过在信号转换之前使用低通滤波器，可以有效地抑制混叠，提高信号的质量。此外，滤波技术还可以用于去除信号中的噪声和其他干扰信号，进一步提高信号的可用性和可靠性。在设计信号转换方案时，滤波器的选择和设计至关重要，需要根据具体应用场景进行优化。

二、信号调制与解调技术

（一）调制技术分类

调制技术在通信系统中扮演着至关重要的角色，是信号传输的核心技术。根据信号的不同特征，调制技术可以分为模拟调制和数字调制两大类。模拟调制包括幅度调制、频率调制和相位调制，这些技术主要用于模拟信号的传输。数字调制包括幅移键控、频移键控、相移键控等，主要用于数字信号的传输。不同的调制技术有其独特的应用场景和优缺点，在智能传感器信号传输中，选择适合的调制技术至关重要。

调制技术的基本概念与目的是将信号适应传输介质的特性，提高信号传输的效率和可靠性。通过调制，信号的频谱特性得以优化，使得信号能够在有限的带宽内传输，同时增强抗干扰能力和信号的保密性。调制过程通常涉及将低频信号叠加到高频载波上，通过改变载波的某些特性来传递信息。解调则是调制的逆过程，目的是从传输信号中提取出原始信息信号。

幅度调制技术是一种通过改变载波幅度来传递信息的调制方式，广泛应用于广播通信中。其主要优势在于实现简单，接收设备成本低廉。然而，幅度调制技术对噪声和干扰较为敏感，限制了其在高精度信号传输中的应用。在智能传感器领域，幅度调制技术常用于对传输质量要求不高的场景。

频率调制技术通过改变载波频率来传递信息，具有较强的抗干扰能力和较高的信号保真度。频率调制技术广泛应用于高保真音频信号传输，如频率调制广播和电视音频信号传输。在智能传感器信号传输中，频率调制技术的优势在于其稳定性和抗干扰性，适用于对信号质量要求较高的应用场景。

相位调制技术通过改变载波相位来传递信息，其原理是通过相位的连续变化来实现信号的编码。相位调制技术在通信系统中具有重要作用，尤其是在需要高数据速率和高信噪比的场合。在智能传感器信号传输中，相位调制技术常用于复杂信号的传输，能够有效提高传输效率和数据准确性。

（二）解调技术原理

解调技术原理是信号传输过程中至关重要的一环，其核心在于将接收到的调制信号恢复至原始信息信号。解调过程通常包括信号的恢复和提取，涉及复杂的信号处理技术。通过解调，接收端能够从载波信号中提取出有用的信息，实现信息的准确传输。这一过程要求对信号的频率、相位或幅度进行精确的检测和分析，从而确保信息的完整性和准确性。

在解调技术的基本原理中，信号恢复和提取是关键步骤。信号恢复指的是从接收到的复合信号中分离出原始信息信号，而信号提取则是进一步将信息信号从噪声和干扰中分离出来。为了实现这一点，解调技术需要结合多种信号处理方法，如滤波技术用于去除噪声，放大技术用于增强信号强度。这些技术的有效应用可以显著提高解调的精度和效率，确保在复杂环境下的信号传输质量。

不同类型调制信号的解调方法各有不同，例如幅度调制、频率调制和相位调制的解调流程均有其独特的步骤。幅度调制信号的解调通常采用包络检波技术，能够有效恢复信号的幅度信息；频率调制信号的解调依赖于鉴频器，通过检测频率变化来提取信息；相位调制信号的解调需要相位鉴别器来恢复相位信息。每种解调方法的选择和应用都需要根据具体的信号特征和应用场景来决定，以达到最佳的解调效果。

相干解调和非相干解调技术在实际应用中各有优缺点。相干解调需要在接收端生成一个与发送端同步的载波信号，从而实现高精度的信号恢复，其优点在于能够提供更高的信噪比和更低的误码率。然而，相干解调的实现复杂度较高，特别是在多径和多普勒效应显著的环境中。相对而言，非相干解调不需要载波同步，结构简单，易于实现，但其信噪比和误码率性能相对较差。因此，在选择解调技术时，需要综合考虑通信系统的需求和环境条件。

（三）调制与解调的应用

在现代通信系统中，信号调制与解调技术不仅能够有效提高信号的传输质量，还能在复杂的通信环境中确保数据的完整性和可靠性。调制技术通过将信息信号加载到载波信号上，使其适应传输信道的特性，进而实现远距离的高效传输。解调技术负责在接收端将载波信号中的信息提取出来，恢复原始信号。这一过程的精确性和稳定性直接影响到数据传输的成功与否。在智能传感器系统中，调制与解调技术的应用更是广泛，涉及从数据采集到信息传输的各个环节。

在智能传感器数据传输中，调制技术的重要性不言而喻。由于传感器节点通常分布在不同的地理位置，数据需要通过各种传输介质进行传递。调制技术能够有效地将低频传感器信号转化为可以通过高频无线电波传输的形式，从而实现远距离的稳定传输。这不仅提高了传输效率，还减少了信号在传输过程中的衰减和干扰。尤其是在复杂的环境中，调制技术能够通过频谱扩展和信道编码等手段，增强信号的抗干扰能力，确保数据的准确传递。因此，调制技术在智能传感器网络的构建中具有不可替代的作用。

无线传感器网络是调制与解调技术应用的典型领域。这些网络通常由大量的传感器节点组成，这些节点通过无线方式相互通信。调制技术在这里主要用于将传感器采集到的数据转化为适合无线传输的信号形式，而解调技术则用于在接收端恢复原始数据。例如，在环境监测系统中，各个传感器节点需要将采集到的温度、湿度等数据通过无线方式传输至中心节点。调制与解调技术的有效应用，确保了数据在传输过程中的完整性和实时性，为系统提供可靠的数据支持。

调制技术对提高信号传输效率的贡献主要体现在频谱利用率和传输速率的提升上。通过采用先进的调制方式，如正交频分复用和相位调制，可以在有限的频谱资源内传输更多的信息。此外，这些技术还能够通过减少带宽需求和降低误码率来提高传输效率。这对于需要传输大量数据的智能传感器网络尤为重要。调制技术的优化不仅提升了通信系统的整体性能，还为未来更高效的数据传输提供了技术保障。

解调技术在实时数据监测中发挥着关键作用，特别是在需要快速响应和高精度数据处理的应用场景中。通过高效的解调算法，接收端能够迅速从复杂的信号中提取出有用信息，从而实现对环境变化的实时监测。这对于需要即时决策的系统尤为重要，如智能交通、工业自动化等领域。解调技术的进步不仅提高了数据处理的速度和准确性，还为传感器网络的实时性提供了有力支持，确保系统能够在最短时间内作出反应。

三、信号传输中的噪声与干扰处理

（一）噪声来源分析

噪声是信号传输中的一个关键挑战，其来源多样且复杂。电磁干扰是常见的噪声来源之一，主要由电机、变压器等设备产生的辐射引起。这些设备在运行过程中会发出电磁波，干扰附近的信号传输。尤其在工业环境中，电磁干扰对传感器信号的完整性构成了严重威胁。为了有效对抗这种干扰，必须深入理解其来源和特性，通过屏蔽、滤波等技术手段加以抑制。此外，选择合适的传输介质也能有效减少电磁干扰的影响。

热噪声和散粒噪声是两种内在噪声源，对信号质量有显著影响。热噪声是由导体中电子的热运动引起的，其强度与温度成正比。在高温环境下，热噪声显著增加，导致信号失真。散粒噪声与电流的不规则波动有关，尤其在弱信号条件下表现明显。这些噪声对高精度传感器的影响尤为显著，因此需要采用低噪声放大器和温度控制技术来减小其影响。

环境噪声的种类繁多，包括风噪声、机械振动等，这些噪声对传感器信号的干扰不可忽视。风噪声常见于户外传感器应用中，而机械振动则在工业现场广泛存在。这些噪声不仅影响信号的准确性，还可能导致信号的误判。因此，在传感器设计和安装时，应充分考虑环境因素，通过优化传感器的结构设计和安装位置来降低环境噪声的影响。

交叉干扰是指同一系统中多个信号之间的相互影响，这种现象在复杂系统中尤为常见。信号之间的交叉干扰可能导致信号混淆和失真，进而影响系统的整体性能。为了解决交叉干扰问题，需要在系统设计阶段进行详细分析，采用信号隔离和滤波技术，并合理规划信号路径以减少信号间的相互影响。

（二）干扰类型识别

在智能传感器信号传输过程中，识别和分类干扰类型是确保信号完整性的重要步骤。干扰类型识别的核心在于准确地辨别不同来源的噪声和干扰，以便采取有效的抑制措施。电磁干扰是常见的干扰类型之一，其识别与分类主要基于频率范围和影响程度。电磁干扰通常会在传感器信号中引入误差，影响信号的准确性。通过频谱分析和时域分析，可以有效地识别电磁干扰的特征，从而进行分类和处理。

电磁干扰的识别不仅需要了解其频率范围，还需评估其对信号传输的影响程度。电磁干扰通常分为窄带干扰和宽带干扰，前者集中在特定频率范围内，而后者则覆盖较宽的频率范围。对于智能传感器，尤其是在复杂电磁环境下工作的传感器，准确识别电磁干扰的类型和频率范围至关重要。这有助于设计出有效的屏蔽和滤波措施，以减轻电磁干扰对信号的影响。

热噪声是一种常见的干扰源，其特性在高温环境下尤为显著。热噪声源于电子器件内部的热运动，表现为随机的电压或电流波动。在高温环境中，热噪声的幅度增大，可能导致信号传输中的误差增多。了解热噪声的特性，对于在高温环境下工作的智能传感器尤为重要。这需要在信号处理过程中，采用适当的滤波技术，降低热噪声的影响，以确保信号的准确传输。

散粒噪声是由载流子在半导体材料中不规则运动引起的，其产生机制与传感器材料的物理特性密切相关。散粒噪声在信号处理中可能造成误差，影响传感器的测量精度。通过分析散粒噪声的统计特性，可以在信号处理中引入相应的补偿算法，减少其对信号的干扰。这种分析对于提高智能传感器的性能和可靠性具有重要意义。

环境噪声的分类是识别干扰类型的一个重要方面。环境噪声包括风噪声、机械振动等，这些噪声对传感器信号的具体干扰方式各不相同。风噪声通常在开放环境中影响传感器的声学和气象数据，而机械振动则可能对工业环境中的传感器造成干扰。通过对环境噪声进行分类，可以针对不同类型的噪声设计专门的抑制措施，提高信号传输的准确性。

（三）噪声抑制技术

随着传感器应用的广泛化，如何有效地抑制噪声成为提高信号传输质量的关键。噪声抑制的基本原理主要包括信号增强与噪声消减的技术框架。信号增强通过提高信号的强度和质量，使其在传输过程中更具鲁棒性，而噪声消减则通过各种技术手段降低背景噪声的影响，从而提升信号的清晰度和准确性。这一过程通常需要结合多种技术以实现最佳效果。

在噪声抑制中，滤波技术的应用尤为重要。低通滤波器和高通滤波器在信号处理中的作用不可忽视。低通滤波器主要用于去除信号中的高频噪声，使信号更加平滑和稳定，而高通滤波器则用于消除低频噪声，保留信号中的高频成分，从而增强信号的细节表现力。这些滤波技术在不同的应用场景中，能够根据具体需求进行调整和优化，以满足特定的信号处理要求。

自适应滤波技术的优势在于能够根据信号特性动态调整滤波参数。这种技术通过实时分析信号的频谱特性，自动调整滤波器的参数，以适应信号的变化，提高噪声抑制效果。自适应滤波器在复杂的信号环境中，能够显著提升信号的质量，减少噪声干扰对信号传输的影响。这种灵活性使其在现代智能传感器系统中得到了广泛应用。

信号平均化技术通过多次采样来减少随机噪声的影响。该技术的基本思想是通过重复采样同一信号，然后对这些采样结果进行平均化处理，以此消除信号中的随机噪声成分。信号平均化技术在处理随机性强的噪声时，能够有效提高信号的稳定性和准确性，是一种简单而有效的噪声抑制方法。

四、信号传输的带宽与速率分析

（一）带宽的定义与测量

在智能传感器技术与电子信息技术的融合研究中，带宽的定义与测量是信号传输的核心内容之一。带宽，作为频域中信号占据的频率范围，通常以赫兹（Hz）为单位进行表示。它不仅决定了信号的频率特性，还直接影响数据传输的能力。带宽的测量方法多种多样，包括频谱分析和时域反射测量等技术，这些方法能够提供准确的频率特性评估，帮助工程师优化信号传输路径和提高系统的整体性能。

带宽与数据传输速率之间的关系是信号传输理论中的一个基本概念。理论上，带宽越大，信号能够承载的信息量也越多，从而支持更高的传输速率。这种关系在香农定理中得到了详细的数学描述，揭示了带宽在通信系统中的重要作用。然而，实际应用中，带宽的利用效率还受到多种因素的制约，包括信号的调制方式、噪声水平以及信道条件等。因此，理解和优化带宽利用率是提升通信系统性能的关键。

影响带宽的因素多种多样，主要包括信号类型、传输介质和网络拓扑结构等。不同类型的信号，如模拟信号和数字信号，其带宽需求不同；传输介质的选择，如光纤、电缆或无线电波，会对带宽产生显著影响；网络拓扑结构的设计，尤其是在复杂网络环境中，如何有效分配和管理带宽资源，是确保信号传输质量的关键挑战之一。这些因素共同决定了带宽的实际利用效率和信号传输的最终效果。

在智能传感器应用中，带宽的选择和管理尤为重要。合适的带宽不仅影响系统的性能和响应速度，还决定了传感器网络的整体效率。随着物联网和工业4.0的发展，智能传感器在各类应用场景中扮演着越来越重要的角色。选择合适的带宽可以确保传感器数据的快速、准确传输，从而支持实时监控和数据分析，提升系统的智能化水平。

（二）速率影响因素

信号传输速率是通信系统性能的关键指标，其影响因素多种多样。信号编码方式是影响数据传输速率的重要因素之一。不同的编码方案在传输效率上存在显著差异。比如，曼彻斯特编码虽然具有良好的同步特性，但其效率较低，而非归零码则在效率上表现更佳，但对同步要求较高。这些编码方式的选择直接影响到数据的传输速率和可靠性。

传输介质的特性也对信号速率有重要影响。电缆、光纤和无线信号在传输能力上各具特色。电缆传输虽然稳定，但在长距离传输中损耗较大；光纤传输虽然具备高带宽和低衰减的优势，但成本相对较高；无线传输虽然提供了灵活性，但易受环境干扰。这些介质特性限制了信号的速率和传输距离，选择合适的传输介质对于优化系统性能至关重要。

网络拓扑结构的设计对数据传输速率的影响同样不容忽视。星型、环型和总线型网络各有优缺点。星型网络结构简单，易于管理，但中心节点故障会导致整个网络瘫痪；环型网络提供了较好的负载均衡能力，但数据传输路径较长；总线型网络结构简单，成本低，但容易出现冲突。这些拓扑结构的选择直接影响到网络的传输速率和可靠性。

信号处理算法的复杂度与数据传输速率之间存在密切关系。复杂的信号处理算法虽然能够提高数据的准确性和安全性，但也可能导致处理延迟，从而降低整体传输速率。因此，在设计传输系统时，需要在算法复杂度和传输速率之间进行权衡，以确保系统的高效运行。

（三）带宽与速率优化策略

在智能传感器信号传输过程中，带宽与速率的优化策略是实现高效通信的关键。带宽分配策略通过合理划分网络资源，能够显著提高信号传输的效率和稳定性。通过动态调整带宽分配，确保在不同的网络负载条件下都能维持高效的传输性能。特别是在传输高容量数据时，合理的带宽分配可以有效避免网络拥堵问题，从而保障数据的及时传输。

数据压缩技术的应用是优化带宽使用和提升传输速率的重要手段。通过对传输数据进行压缩，可以显著减少数据量，从而降低对带宽的需求。近年来，先进的数据压缩算法不断涌现，为各种应用场景提供了高效的解决方案。在智能传感器网络中，数据压缩技术不仅能够提升传输效率，还能在一定程度上降低传输延迟，进而优化整体的通信性能。尤其是在带宽资源有限的情况下，数据压缩技术的应用显得尤为重要。

多路复用技术的实现允许多个信号同时在同一传输介质上传输，从而提高带宽利用率。通过将多个信号整合到一个信道中传输，多路复用技术能够显著提高传输介质的使用效率。频分复用、时分复用和码分复用是常见的多路复用技术，每种技术都有其独特的适用场景和优点。在智能传感器网络中，合理选择和应用多路复用技术，可以有效提升网络的通信能力，满足多样化的传输需求。

传输协议的优化是减少延迟和提高数据传输速率的有效策略。选择适合的传输协议，不仅能提升数据传输的可靠性，还能在一定程度上降低延迟。传输协议的设计需考虑网络的实际情况，包括传输介质、网络拓扑和通信需求等因素。通过对协议进行优化，可以提高数据包的传输效率，减少传输过程中的数据丢失和重传现象，从而提升整体的通信性能。

信号编码优化通过采用高效的编码方式，提升数据传输速率和降低带宽需求。高效的编码技术能够在不损失数据质量的前提下，减少传输数据量。近年来，基于压缩编码、纠错编码等技术的不断发展，为智能传感器网络提供了多样化的编码方案。通过信号编码优化，可以在有限的带宽资源下，实现更高的数据传输速率，满足不断增长的通信需求。

第二节　无线传输技术在智能传感器中的应用

一、无线传输技术的概念与原理

（一）无线传输技术的概念与特点

无线传输技术是指通过无线电波等非物理介质进行数据传输的技术，避免了传统有线连接的限制。这种技术的出现和发展极大地改变了信息传输的方式，使得数据传输不再受限于物理线路的铺设和维护。无线传输技术的应用覆盖了从家庭网络到工业控制的广泛领域，为各类智能设备提供了更灵活的连接方式。随着无线传输技术的不断进步，其在传输速度、覆盖范围和安全性等方面的性能也在显著提升，进一步推动了智能传感器技术的发展。

无线传输技术的核心特点是灵活性和可扩展性，能够在复杂环境中实现设备间的无缝连接与通信。这种灵活性表现在设备可以在不改变现有基础设施的情况下进行快速部署和调整，而可扩展性则体现在系统可以根据需求增加或减少设备数量和类型。无线传输技术的这些特点使其成为现代智能传感系统中不可或缺的一部分，尤其是在需要动态调整和快速响应的应用场合，如实时监测和远程控制等。

（二）无线传输技术的基本原理

无线传输技术的基本原理涉及通过电磁波在空间中传递信息的过程。其核心在于将信息信号调制到载波信号上，以便在无线信道中进行传输。这一过程通常包括调制、传输和解调三个步骤。在调制过程中，数字信号被转换为适合无线传输的形式，这不仅提高了传输效率，还增强了系统的可靠性。调制技术的选择直接影响信号的传输质量，常见的调制方式包括幅移键控、频移键控和相移键控等。

信号调制原理是无线传输技术的关键。通过调制，数字信号得以转换为模拟信号，适合在无线信道中传输。这一转换不仅提高了传输的效率，还增强了系统的可靠性。不同的调制方式，如幅移键控、频移键控和相移键控，各有其适用场景和特点。选择合适的调制方式可以有效地提高信号的传输质量，减少误码率，增强抗干扰能力。

在无线传输技术中，信号编码方法扮演着重要角色。不同的编码方案对信号传输质量和抗干扰能力有显著影响。常见的编码技术包括卷积编码和 Turbo 编码等。这些编码技术通过在信号中引入冗余信息，提高了信号的抗干扰能力和纠错性能，从而在复杂的无线环境中保持较高的传输质量。通过优化编码方案，可以在不增加额外带宽的情况下，提高信道的利用效率。

频谱管理是无线传输技术中的重要环节，尤其在资源有限的情况下，如何有效利用频谱资源成为关键。频谱管理的目标是在不同频段内有效利用资源，避免信号干扰和拥塞。这需要在频谱规划、分配和共享上采取科学的策略，以确保各类无线通信设备能够在不互相干扰的情况下高效运行。频谱管理的有效性直接影响无线传输的整体性能和服务质量。

二、智能传感器中常用的无线传输协议

（一）蓝牙协议

蓝牙协议是一种用于短距离无线通信的技术标准，旨在实现设备间的数据交换。其基本工作原理是通过2.4GHz的ISM频段进行数据传输，使设备能够在不需要物理连接的情况下进行通信。这一特性使得蓝牙协议特别适用于需要灵活连接的应用场景。蓝牙协议的设计初衷是替代传统的有线连接方式，提供一种便捷且可靠的无线通信解决方案。其在智能传感器中的应用，不仅简化了设备间的连接方式，还提升了数据传输的效率和灵活性。

蓝牙协议在多个领域得到了广泛应用，尤其是在智能家居、可穿戴设备和医疗监测等场景中。在智能家居中，蓝牙协议被用于连接各种家用电器和移动设备，实现设备间的互联互通。在可穿戴设备中，蓝牙协议使得设备能够实时传输健康数据，如心率、步数等，提供个性化的健康管理服务。在医疗监测领域，蓝牙协议用于连接各种医疗设备，支持远程监测和数据共享。这些应用场景充分展示了蓝牙协议在智能传感器领域的重要性和实用性。

蓝牙协议自诞生以来，其版本不断演进，数据传输速率和连接稳定性也随之提升。早期版本的蓝牙协议传输速率较低，且连接稳定性有限，但随着技术的发展，最新版本的蓝牙协议已经能够支持更高的数据传输速率和更稳定的连接。这种演进不仅提升了用户体验，也扩大了蓝牙协议的应用范围。此外，蓝牙协议的版本更新还带来了更好的兼容性和更强的抗干扰能力，使其在复杂的无线环境中仍能保持良好的性能。

蓝牙协议的安全机制是其应用广泛的重要原因。在设备配对过程中，蓝牙协议采用了多层次的加密和身份验证技术，确保数据传输的安全性。通过加密技术，蓝牙协议能够有效防止数据被窃取或篡改，而身份验证技术则确保了只有经过授权的设备才能进行通信。这些安全机制为用户提供了可靠的安全保障，使得蓝牙协议成为智能传感器领域中一种值得信赖的无线传输技术。

（二）Wi-Fi协议

Wi-Fi协议作为一种广泛应用的无线传输技术，其工作原理是通过使用无

线电波在局域网内实现高速数据传输。它通过接入点和无线网卡等设备，使得数据在不依赖物理连接的情况下进行传输，这种特性使其在智能传感器网络中具有重要的应用价值。Wi-Fi 协议不仅支持高效的数据传输，还可以适应不同的网络环境，这为智能传感器的广泛应用提供了技术基础。

在应用领域方面，Wi-Fi 协议被广泛用于智能家居、工业自动化以及公共场所的网络覆盖。在智能家居中，Wi-Fi 连接的设备可以通过互联网实现远程控制和监测，提高了生活的便利性和安全性。在工业自动化中，Wi-Fi 协议支持的无线网络可以实现设备间的实时通信和数据交换，提升生产效率和灵活性。公共场所的 Wi-Fi 覆盖则为人们提供了便捷的网络接入服务，满足了现代社会对信息获取和交流的需求。

Wi-Fi 协议的不同标准，如 802.11a/b/g/n/ac/ax，分别在数据速率和传输距离上具有不同的性能表现。早期的标准如 802.11b/g 主要用于低速率和短距离的传输，而后续的 802.11n/ac/ax 标准则在提高数据速率和增加传输距离方面取得了显著进展。这些标准的演进反映了技术发展的趋势，也为智能传感器网络的多样化需求提供了更多选择。

在安全机制上，Wi-Fi 协议采用了 WPA2 和 WPA3 加密技术，以确保数据传输过程中的信息安全。WPA2 作为广泛使用的安全协议，通过高级加密标准（AES）来保护数据，而 WPA3 则在此基础上进一步增强了安全性，尤其是在防止中间人攻击和密码破解方面。这些安全机制为智能传感器数据的保密性和完整性提供了有力保障。

（三）Zigbee 协议

Zigbee 协议是一种专为低功耗、低数据速率和短距离无线通信设计的协议，广泛应用于智能传感器网络中。其基本定义强调了在设备间实现可靠的数据传输，同时最大限度地降低能耗，从而延长设备的使用寿命。这种协议尤其适合电池供电的设备，因为其低功耗特性可以显著减少更换电池的频率。此外，Zigbee 协议的数据速率通常在 20kbps 到 250kbps，虽然不及其他高带宽协议，但在传输传感器数据和控制信号方面已足够。其短距离通信特性使其非常适合于家庭、楼宇或工厂等局部环境中的应用。

Zigbee 协议支持多种网络拓扑结构，如星型、网状和点对点等，以满足不同的应用需求。在星型拓扑中，所有设备直接与一个中心节点通信，适用于简单的网络结构和集中式控制。网状拓扑允许每个节点与多个其他节点通信，形成一个自愈网络，增强了网络的鲁棒性和覆盖范围，尤其适合于大型场景和动态变化的环境。在点对点拓扑中，设备之间可以直接通信，适用于需要设备间直接数据交换的场景。这些灵活的网络结构使 Zigbee 能够适应多样化的应用场景，从而在智能传感器网络中发挥重要作用。

Zigbee 协议在智能传感器中的应用广泛，涵盖了智能家居、环境监测和工业自动化等领域。在智能家居中，Zigbee 协议常用于灯光控制、安防系统和家电管理，利用其低功耗和灵活的网络结构来实现设备间的无缝通信。在环境监测中，Zigbee 传感器网络可以实时收集和传输环境数据，如温度、湿度和空气质量，为环境保护和管理提供支持。在工业自动化中，Zigbee 协议的可扩展性允许在复杂的工业环境中部署大量传感器，支持设备状态监控和生产过程优化。其灵活性和可扩展性使其成为智能传感器应用的理想选择。

Zigbee 协议的安全机制是其在智能传感器网络中成功应用的重要保障。该协议采用数据加密和身份验证等技术来保护数据传输的完整性和机密性。数据加密使用对称加密算法，确保传输的数据在未经授权的情况下无法被读取或篡改。同时，身份验证机制通过密钥管理来确认通信双方的合法性，防止未经授权的设备接入网络。这些安全措施在保护传感器网络中的敏感数据和确保通信的安全性方面发挥了关键作用，特别是在涉及个人隐私和机密工业数据的应用中。

三、无线传输技术在智能传感器中的优势

（一）灵活性

无线传输技术在智能传感器中的应用展现了显著的灵活性。其一，无线传输技术能够实现设备间的无缝连接，显著减轻了布线的复杂性和成本。这种无缝连接的能力不仅降低了初始安装的技术要求，还减少了后期维护的难度和费用。其二，在不同的环境条件下，无线传输技术可以灵活调整信号强度和传输方式，以适应环境的变化。无论是在高温、高湿的工业环境，还是在需要高精度传输的医疗环境中，无线传输技术都能通过动态调整参数来保证信号的稳定性和可靠性。其三，无线传输技术支持多种设备的同时连接，这极大地增强了系统的扩展性和兼容性。通过支持多设备连接，系统可以轻松地集成新设备，而无须对现有系统进行大规模的改动。

无线传输技术的适应性使其可以广泛应用于各种场景，如家庭、工业和医疗等领域。在家庭环境中，无线传输技术可以用于智能家居设备的连接，实现对家庭环境的智能化管理。在工业领域，传感器网络的无线化使得对大规模设备的远程监控和维护成为可能，提高了生产效率和安全性。在医疗领域，无线传输技术为可穿戴设备提供了可靠的数据传输通道，支持对患者健康数据的实时监控和分析，从而提升了医疗服务的质量和响应速度。

（二）低功耗

在智能传感器技术中，低功耗无线传输技术扮演着至关重要的角色。低功耗不仅是技术上的进步，还是智能传感器在实际应用中取得成功的关键因素之一。首先，低功耗无线传输技术能够显著延长智能传感器的电池使用寿命，这对于需要长期部署的传感器系统尤为重要。通过减少频繁更换电池的需求，低功耗技术降低了维护成本，同时提高了系统的可靠性和用户体验。这一特性在偏远地区或难以频繁进行维护的环境中显得尤为重要，确保了传感器系统的持续稳定运行。

低功耗设计不仅是为了延长电池寿命，还确保了智能传感器在不影响性能的前提下，能够在环境监测等应用中实现长期稳定运行。这种设计理念在环境监测领域尤为关键，因为传感器需要在各种苛刻的环境条件下持续收集数据。低功耗技术通过优化信号传输协议，在数据传输时有效降低能耗，从而提高了整体系统的能效。这种优化不仅使得传感器能够处理更多的数据，还能在不增加能耗的情况下，支持更复杂的计算和分析任务。

低功耗技术的应用使得智能传感器能够在物联网环境中实现更广泛的部署。这种技术上的突破增强了设备的可用性和便利性，使得智能传感器能够无缝集成到现有的物联网基础设施中。这种集成能力不仅降低了部署成本，还提高了系统的灵活性和扩展性，促进了物联网生态系统的快速发展。智能传感器通过低功耗无线传输技术实现了在各种应用场景中的高效运作，满足了现代社会对智能化、自动化的需求。

（三）高效性

在智能传感器技术的应用中，无线传输技术的高效性尤为突出。无线传输技术能够实现实时数据传输，这一特点确保了智能传感器在监测和控制中的快速响应能力。实时数据传输是智能传感器系统能够迅速适应环境变化、及时反馈信息的关键因素。通过优化数据传输流程，无线传输协议能够显著减少数据传输的延迟，这不仅提高了系统的整体反应速度，也增强了智能传感器在复杂环境中的适应能力。

高效的无线传输协议是实现快速数据传输的核心。通过对传输流程的优化，无线传输技术能够有效减少延迟时间，从而提高系统的整体反应速度。这种优化不仅体现在协议的设计上，还包括对硬件和软件的协同改进，使得数据传输的每一个环节都能达到最佳状态。特别是在需要即时响应的应用场景中，如工业自动化和智能家居系统中，快速的数据传输能力是确保系统稳定运行的基础。

多址接入技术是无线传输技术高效性的体现。通过这种技术，无线传输能够支持多个设备同时进行数据传输，极大地提升了网络的整体效率。这种并发传输能力使得智能传感器网络能够在不增加带宽的情况下，处理更多的数据请求，支持更多的设备接入。这对于需要大规模部署的物联网系统来说，是一种极为重要的技术优势，能够有效降低网络拥堵，提高数据传输的稳定性和可靠性。

无线传输技术的自适应能力使其能够根据环境变化动态调整传输参数，从而维持高效的信号传输质量。这种自适应性不仅表现在对信号强度和传输路径的调整上，还包括对传输速率和信道的选择。这种能力使得无线传输技术能够在各种复杂和多变的环境中保持高效运作，确保数据传输的连续性和可靠性。这对于智能传感器在野外监测、交通管理等领域的应用，提供了强有力的技术支持。

四、无线传输技术在智能传感器中的应用分析

（一）智能家居

智能家居是现代生活中无线传输技术与智能传感器技术相结合的典型应用。通过无线传输技术，智能家居系统能够实现设备间的互联互通，使用户可以通过手机或语音助手远程控制家居设备。这种技术的应用不仅提高了用户的生活便利性，还大大增强了家居环境的智能化水平。智能家居中的传感器能够实时监测环境参数，如温度、湿度和光照，并通过无线网络将数据发送到用户终端。这种实时监测能力使得用户能够随时了解家居环境的变化，并根据需要进行相

应的调整，从而实现更加个性化和舒适的居住体验。

无线传输技术的应用使得智能家居设备能够灵活部署，用户可根据需要随时调整设备位置，而无须考虑布线问题。这种灵活性不仅简化了智能家居系统的安装和维护过程，还降低了用户的使用门槛，使得智能家居技术能够更广泛地普及。通过无线传输技术，智能家居系统能够实现安全监控，用户可通过摄像头和传感器监测家庭安全状态，并及时接收警报。这种安全监控的实现不仅依赖于传感器的高灵敏度和准确性，还依赖于无线传输技术的稳定性和可靠性，确保信息的及时传递和处理。

智能家居中的无线传输技术支持多种设备同时连接，用户可以在同一网络环境中使用多个智能设备，提升居住体验。这种多设备连接的能力使得智能家居系统能够提供更加丰富和多样化的功能服务，满足用户在不同场景下的需求。通过无线传输技术，智能家居系统不仅可以实现基本的设备控制和环境监测，还可以通过数据分析和人工智能技术，提供更加智能化的家居管理解决方案。

（二）医疗监测

医疗监测领域的无线传输技术应用已成为现代医疗的重要组成部分。医疗监测系统通过无线传输技术，实现了实时数据采集，确保患者的生理参数如心率、血压等能够及时传输给医务人员。这种技术的应用极大地提高了医疗服务的响应速度，使得医生能够在最短的时间内获取患者的最新健康状况，从而作出及时的诊断和决策。无线传输技术在医疗监测中的应用，不仅提升了医疗效率，也为患者提供了更为便捷的健康监测体验。

智能传感器在医疗监测中发挥着关键作用。这些传感器能够自动识别并记录患者的健康数据，减少了对人工干预的依赖，同时提高了数据的准确性。传统的医疗监测方式往往需要烦琐的手动记录，容易出现人为错误，而智能传感器的自动化功能则有效避免了此类问题。通过精确的数据采集和分析，医务人员能够更好地掌握患者的健康状况，提供更为精准的医疗服务。

无线传输技术的一大优势在于其移动性。医疗监测设备能够在移动环境中使用，患者无须固定在医院内即可进行远程健康监测。这种便携式的监测方式，使得患者在日常生活中即可完成健康数据的采集和传输，极大地方便了慢性病患者和老年人的日常健康管理。通过无线传输，医务人员可以随时随地监控患者的健康状况，及时进行干预和指导。

在无线传输过程中，数据的安全性尤为重要。医疗监测中的数据加密技术确保患者的隐私信息在无线传输过程中得到保护，防止数据被非法访问。这种加密技术采用了先进的算法，确保数据在传输过程中的完整性和机密性。患者的隐私保护是医疗监测系统设计中的核心要素之一，医疗机构通过严格的安全措施，保障患者信息的安全。

智能医疗监测系统不仅能够采集和传输数据，还能够通过分析传感器收集的数据，提供个性化的健康建议和预警，提升患者的健康管理效率。这些系统利用大数据分析和人工智能技术，从海量的健康数据中提取有价值的信息，为患者提供定制化的健康方案。

（三）工业自动化

在工业自动化领域，无线传输技术的应用尤为突出。通过无线传输技术，智能传感器能够实现实时数据监测，极大地提升了生产效率和安全性。在传统的工业环境中，数据传输常常依赖于有线连接，这不仅限制了设备的灵活性，还可能因为线路故障而导致数据丢失。无线传输技术的引入，使得传感器可以在不受物理线路束缚的情况下，迅速而准确地传递数据。这种实时监测能力使得工厂能够及时发现生产过程中的异常，从而快速采取措施，避免潜在的安全隐患和生产损失。

智能传感器通过无线网络连接，实现了设备间的协同工作，优化了生产流程。在现代工业自动化系统中，各种设备和传感器需要密切协作，以确保生产线的高效运行。无线传输技术使得这些设备能够通过网络相互通信，形成一个高度集成的自动化系统。这不仅提高了生产线的响应速度，还减少了人为干预的必要性。通过这种协同工作，企业能够更好地管理生产资源，减少浪费，提高企业整体生产效率。

无线传输技术支持远程控制和管理，是工业自动化领域的一大突破。借助无线技术，操作人员可以在远程对设备进行监控和管理，这在很大程度上减少了人工干预的需求，提高了自动化水平。这种远程控制能力不仅提高了生产的灵活性，还使得企业能够在全球范围内进行生产监控和管理，进一步推动了工业自动化的全球化进程。

在工业环境中，低功耗无线传输技术的应用有效延长了设备的使用寿命，并降低了维护成本。工业自动化系统中的设备通常需要长时间运行，这对设备的能源消耗和使用寿命提出了很高的要求。低功耗无线传输技术能够在保证数据传输质量的同时，降低设备的能耗，从而延长设备的使用寿命。这种技术的应用不仅减少了设备的更换频率，还降低了企业的维护成本，为企业的长远发展提供了坚实的基础。

无线传输技术的抗干扰能力确保了在复杂工业环境中稳定可靠的数据传输。在工业自动化环境中，存在着大量的电磁干扰源，这对无线传输技术提出了严峻的挑战。为了确保数据传输的稳定性和可靠性，现代无线传输技术采用了多种抗干扰措施，如频谱扩展、跳频技术等。

第三节　有线传输技术的类型与安全性

一、有线传输技术的基本类型

（一）双绞线传输

双绞线传输作为一种经典的传输介质，其基本构造由两根绝缘铜线组成，这两根铜线以一定的密度相互缠绕，从而形成了一种可以有效支持数据和语音通信的传输通道。其广泛的应用领域不仅限于传统的电话网络，还扩展到现代的计算机网络中，尤其是在局域网中占据重要地位。双绞线传输的设计理念基于减少信号损耗和干扰，使其能够在长距离传输中保持较高的信号完整性。这种结构设计不仅提升了信号的稳定性，还为后续的信号传输奠定了坚实的基础。

在复杂的电磁环境中，信号传输的抗干扰能力至关重要。双绞线通过线对的相互缠绕，有效地抵消了外部电磁场的干扰。这种缠绕结构使得每一对双绞线在受到外部干扰时，能够产生相等且方向相反的电流，从而互相抵消干扰信号，保持原始信号的稳定性和清晰度。正因为如此，双绞线在工业应用中被广泛采用，尤其是在需要高信号质量的场合，如数据中心、通信基站等。其抗干扰能力不仅提高了传输效率，还减少了信号的误码率，从而提升了整体通信系统的可靠性。

双绞线传输的带宽特性是其广泛应用的一个重要原因。现代双绞线能够支持高达数百兆比特每秒的数据传输速率，这使其在局域网和电话系统中得到了广泛应用。随着技术的不断进步，双绞线的带宽能力也在不断提升，能够满足现代网络对高速数据传输的需求。其在局域网中的应用，不仅提供了稳定的网络连接，还支持多种网络协议的实现，为用户提供了灵活的网络解决方案。双绞线的带宽特性使其成为现代通信系统中不可或缺的一部分。

双绞线传输以其卓越的安装灵活性著称，其柔软且易于弯曲的特性使得在各种建筑环境中布线变得简单而高效。无论是在新建建筑还是在已有建筑中进行网络布线，双绞线都能够轻松适应各种复杂的空间结构，如狭窄的管道、墙壁内部等。其灵活的布线能力不仅降低了安装的复杂性，也减少了对建筑结构的破坏。因此，在需要快速部署网络的场景中，双绞线成为了首选方案之一，为用户提供了便利和经济的解决方案。

在网络建设中，成本效益是一个重要的考量因素。双绞线因其材料成本低廉、安装简便而成为企业和家庭网络建设的经济选择。与其他传输介质相比，双绞线不仅价格低廉，而且在安装过程中无须复杂的设备和技术支持，进一步降低了施工成本。其高性价比使得中小企业和普通家庭能够以较低的预算实现高效的网络连接。

（二）同轴电缆传输

同轴电缆传输是一种重要的有线传输技术，其基本定义是由内导体、绝缘层、外导体和外护套组成的传输介质。该结构设计使其能够有效地进行高频信号传输，广泛应用于需要高数据传输速率的场合，如视频监控和广播系统。同轴电缆的物理特性决定了其在高频信号传输中的重要角色，特别是在需要稳定信号传递的应用中，这种传输介质以其独特的结构优势和广泛的应用领域，成为现代通信技术不可或缺的一部分。

同轴电缆传输的带宽特性使其能够支持较高的数据传输速率，这一特性尤其适合在视频监控和广播等需要高带宽的应用场合。相较于其他传输介质，同轴电缆在数据传输速率上的表现尤为突出。其高带宽能力不仅满足了当今多媒体信息传输的需求，还为未来更高要求的通信应用提供了可能性。随着智能传感器技术的不断发展，对传输介质的带宽需求也在不断增加，同轴电缆以其优越的带宽特性成为许多应用的首选。

同轴电缆传输的抗干扰能力是其一大优势。这种传输介质的结构设计能够有效屏蔽外部电磁干扰，确保信号传输的稳定性和可靠性。在复杂的电磁环境中，同轴电缆凭借其优良的抗干扰特性，能够提供稳定的信号传输质量。这一特性对于需要高可靠性的数据传输应用至关重要，特别是在工业自动化和安全监控等领域，抗干扰能力直接关系到系统的整体性能和稳定性。

安装同轴电缆传输系统通常需要专业人员进行布线和连接，以确保信号质量和系统性能。这是由于同轴电缆的安装要求较为严格，需在布线过程中考虑到信号的完整性和传输效率。专业的安装不仅能够保证系统的初始性能，还能在日后的使用中减少维护和故障率。正确的安装是确保同轴电缆传输系统长期稳定运行的基础，也是实现其性能最大化的关键。

（三）光纤传输

光纤传输技术是现代通信领域中的一项关键技术，其基本定义是利用光信号在光纤介质中进行数据传输。光纤传输以其高速率和大带宽的特点，成为数据传输的首选方式。与传统的电信号传输方式相比，光纤传输能够支持更高的传输速率，使得大规模数据的实时传输成为可能。这种技术的出现，不仅推动了通信行业的进步，也为其他依赖数据传输的行业带来了新的发展契机。

光纤传输的优越抗干扰能力是其显著优势。由于光信号不受电磁干扰的影响，光纤传输能够在复杂的环境中保持信号的稳定性和可靠性。这种抗干扰能力使得光纤传输在工业、军事等对信号稳定性要求较高的领域中得到了广泛应用。光纤传输的抗干扰特性也使其在城市密集的电磁环境中表现突出，能够有效避免因电磁干扰导致的数据传输错误和中断。

光纤传输在传输距离上具有显著优势。光信号在光纤中的衰减极小，使得光纤传输非常适合长距离的数据传输。与其他传输方式相比，光纤传输能够有效减少中继器和放大器的使用，从而降低了设备成本和维护的复杂度。这一特点使得光纤传输在跨国、跨洲的海底电缆通信中得到了广泛应用，为全球通信网络的构建提供了重要支持。

安全性是光纤传输的一个重要特点。光信号在光纤中传输时，难以被窃听和干扰，为敏感数据的传输提供了更高的安全保障。这一特性使得光纤传输在金融、医疗等需要高安全性的数据传输领域中具有重要应用。光纤传输的高安全性不仅保护了数据的隐私性和完整性，也增强了用户对数据传输安全的信心。

二、有线传输的可靠性分析

（一）信号稳定性

信号稳定性是有线传输技术中至关重要的因素。光纤传输在抗干扰性和信号衰减方面相较于传统的电缆和双绞线表现出更为优越的性能。这是因为光纤以光波的形式传输信号，不受电磁干扰的影响，因此在复杂的电磁环境中，光纤传输能够保持较高的信号完整性。相比之下，电缆和双绞线容易受到外界电磁场的干扰，导致信号失真和数据丢失。对于需要高可靠性和高数据传输速率的应用场景，光纤传输无疑是更为理想的选择。

信号稳定性会受到多种环境因素的影响，例如温度、湿度以及电磁干扰。这些因素可能导致信号的衰减和失真，进而影响整个系统的性能。在设计有线传输系统时，需要考虑适当的防护措施，例如使用屏蔽电缆来减少电磁干扰的影响，或者在极端温度环境下使用耐高温或耐低温的传输介质。此外，定期进行环境监测和设备维护，可以有效地预防因环境变化导致的信号不稳定问题。

信号稳定性与传输距离之间存在反比关系，即传输距离越长，信号衰减越明显。在长距离传输中，信号经过传输介质会逐渐衰减，导致接收端的信号强度不足，影响数据的准确性。为了解决这一问题，可以在传输链路中使用中继器或放大器，以增强信号强度，确保信号在长距离传输中仍然保持稳定。此外，选择合适的传输协议和设备也能有效提高信号的稳定性，减少数据丢失的风险。

在设计和运行有线传输系统时，选择适合的传输协议和设备是提高信号稳定性的关键。不同的传输协议在数据传输的可靠性、速度和抗干扰能力上各有优劣，设计者应根据具体应用需求进行合理选择。同时，选择高质量的传输设备和介质也能显著提高系统的信号稳定性，避免因设备故障或介质老化导致的信号丢失和数据错误。

（二）故障率评估

故障率评估在智能传感器系统中具有重要的地位。其基本定义为在特定时间段内，系统或设备发生故障的频率。故障率评估在系统设计与维护中发挥着至关重要的作用，它不仅影响系统的可靠性和稳定性，还直接关系到系统的维护成本和使用寿命。在进行系统设计时，工程师需要考虑故障率，以便选择合适的材料和设计方案，从而提高系统的整体可靠性。在维护阶段，故障率评估可以帮助识别潜在问题，制订预防性维护计划，减少意外停机。

影响故障率的因素多种多样，主要包括环境条件、设备质量和使用频率等。环境条件如温度、湿度和振动等会直接影响设备的性能和寿命。设备质量是决定故障率的关键因素，高质量的设备通常具有较低的故障率。使用频率是重要的影响因素，频繁使用的设备往往更容易出现故障。因此，在进行故障率评估时，需要综合考虑这些因素，以便准确预测设备的故障概率，从而制订合理的维护和更换计划。

故障率评估方法多种多样，常见的有统计分析法、故障树分析法和可靠性工程技术。统计分析法通过收集和分析设备故障数据，得出故障率的统计特征。故障树分析法通过建立故障树模型，分析系统中各个组件的故障对整体系统的影响。可靠性工程技术结合了多种分析方法，通过系统建模和仿真，预测系统的可靠性和故障率。这些方法各有优缺点，工程师需要根据具体情况选择合适的方法进行故障率评估。

故障率监测与管理策略在降低故障发生率方面具有重要作用。通过实时监测和数据分析，可以及时发现设备的异常变化，采取相应的措施进行处理。此外，预防性维护策略的实施也可以有效降低故障率。通过定期检查和维护，及时更换老化部件，可以延长设备的使用寿命，提高系统的可靠性。数据分析技术的进步为故障率监测提供了新的工具，可以更准确地预测故障趋势，优化维护计划。

（三）维护便捷性

有线传输技术在智能传感器系统中的应用，因其维护便捷性而备受关注。在设计之初，维护便捷性被视为关键因素，使得用户能够快速进行设备检查和故障排除，从而有效减少停机时间。这种设计不仅提升了设备的运行效率，还显著降低了运营成本。在实践中，提供清晰的用户手册和维护指南是不可或缺的。这些文档帮助用户了解设备的日常维护流程和注意事项，确保用户能够在需要时迅速采取行动。这种信息的透明度和可及性，增强了用户对设备的信心和使用体验。

有线传输系统的模块化设计是提升维护便捷性的一个重要策略。模块化设计使得更换损坏部件变得更加简单和高效，用户无须具备专业技术即可进行基本的维护操作。这种设计大大降低了维护成本和时间，并且提高了设备的可用性和可靠性。此外，模块化设计还支持系统的灵活扩展，用户可以根据实际需求进行设备的升级和调整，以适应不断变化的应用场景和技术发展。

在现代智能传感器技术中，远程监控和诊断技术的引入为维护便捷性提供了新的维度。通过这些技术，维护人员能够实时获取设备状态信息，提前预警潜在故障。这种主动维护策略不仅提高了设备的可靠性，还减少了突发故障对生产和运营的影响。远程监控系统的应用，意味着维护人员可以在异地进行设备状态的监控和分析，提升了维护工作的效率和准确性。

三、有线传输的安全性评估

（一）数据加密技术

在智能传感器信号传输中，数据加密技术是确保信息安全的重要手段。数据加密技术的基本定义是对信息进行编码处理，以防止未经授权的访问和篡改，从而确保数据在传输过程中的安全性。这一技术在有线传输中尤为重要，因为有线传输虽然具备稳定的优点，但同样面临着数据被截获和篡改的风险。通过加密技术，信息在传输过程中被转换为不可读的密文，只有拥有正确密钥的接收方才能解密和读取，从而有效地防止数据泄露。

数据加密技术主要分为对称加密和非对称加密两大类。对称加密使用相同的密钥进行加密和解密，这种加密方式速度快，适用于大数据量的加密，但密钥管理是其主要挑战之一。非对称加密使用一对公钥和私钥进行加密和解密，这种方式无须共享密钥，安全性较高，但计算复杂度大，适用于需要高安全性的场景。这两种加密方式在实际应用中各有优缺点，通常根据具体的应用需求来选择。

数据加密算法的分类对其应用有着重要影响。对称加密算法如高级加密标准（AES）和数据加密标准（DES）以其速度和效率著称，适合于实时性要求高的传感器数据传输。而非对称加密算法如RSA（Rivest Shamir Adleman）和椭圆曲线加密（ECC）以其强大的安全性而闻名，尤其适合于需要进行身份验证和数据完整性保护的场合。不同算法在安全性和效率上的差异，使得它们在智能传感器网络中有着不同的应用场景。

为了进一步确保数据传输的安全性，数据完整性验证技术也被广泛应用。哈希函数和数字签名是其中的代表技术。哈希函数通过将任意长度的数据映射为固定长度的字符串，确保了数据的完整性和不可篡改性。数字签名通过加密算法验证数据的来源和完整性，为数据传输提供了额外的安全保障。这些技术在智能传感器网络中，尤其是在涉及敏感数据的场合，如医疗监测和智能家居中，发挥了关键作用。

（二）物理安全措施

物理安全措施在智能传感器系统中扮演着至关重要的角色，其基本定义是通过物理手段来保护设备和数据免受物理损害以及未经授权的访问。这些措施对于保障智能传感器的功能完整性和数据的机密性至关重要。

安装安全门禁系统是确保物理安全的首要步骤。通过限制对智能传感器和相关设备的物理访问，只有经过授权的人员才能进入关键区域，这样可以有效防止未经授权的人员接触或篡改设备及其数据，从而减少潜在的安全隐患。

使用监控摄像头和传感器进行实时监测是物理安全的重要组成部分。通过监控设备周围的环境，可以及时发现潜在的安全威胁，并迅速采取相应的应对措施。这种实时监测不仅可以防范人为的安全威胁，还能够检测到自然环境中可能对设备造成损害的因素，确保设备的安全性和稳定运行。监控系统的部署需要考虑覆盖范围和监测精度，以便提供全面而准确的安全保障。

为了进一步提升智能传感器的物理安全性，安设防护罩和防震设备是必要的。这些物理保护措施可以有效抵御环境因素的影响，如水、尘埃、冲击等，确保设备在各种环境条件下的正常运行。防护罩的设计需要考虑设备的散热和操作需求，而防震设备则需根据设备的安装位置和使用环境进行合理配置，以最大限度地减少外界对设备的物理损害。

（三）入侵检测机制

入侵检测机制在现代网络安全架构中扮演着至关重要的角色。它的基本概念是通过监测和分析网络流量、系统活动等数据来识别潜在的安全威胁和未授权访问行为。这一机制的核心在于及时发现并响应可能的安全事件，从而保护网络和系统的完整性。智能传感器网络，由于其处理大量敏感数据的特性，对入侵检测机制的需求尤为迫切。通过有效的监测和分析，入侵检测机制能够在威胁变为现实之前采取措施，确保系统的安全。

入侵检测机制可以分为基于主机的入侵检测和基于网络的入侵检测（NIDS）。基于主机的入侵检测主要用于监控单个主机或设备的活动，适用于对特定设备的安全保护，而基于网络的入侵检测则是通过分析整个网络的流量来识别异常行为，适用于更广泛的网络环境。这两种类型的入侵检测机制各自适用于不同的安全需求和环境。基于主机的入侵检测能够提供设备级的详细安全信息，而基于网络的入侵检测则能提供网络级的整体安全态势。选择合适的检测机制需要根据具体的网络结构和安全需求进行评估。

入侵检测机制的工作原理涉及多种技术，包括数据包分析、行为模式识别和异常检测等。这些技术共同作用，以实时识别和响应安全事件。数据包分析是通过检查网络传输的数据包内容来发现异常流量，行为模式识别是通过学习正常的网络行为模式来检测异常，而异常检测则是通过识别偏离正常行为的活动来发现潜在的威胁。这些技术的结合使得入侵检测机制能够在各种复杂的网络环境中有效地发挥作用。

为了提高入侵检测机制的准确性和效率，实施策略是必不可少的一环。制定检测规则、设置报警阈值和定期更新检测算法是常见的策略。检测规则的制定需要考虑到网络的具体环境和潜在威胁，报警阈值的设置需要平衡误报和漏报的风险，而检测算法的更新则是为了应对不断变化的安全威胁。通过这些策略的实施，入侵检测机制能够在复杂多变的网络环境中保持高效的检测能力。

在智能传感器网络中，入侵检测机制的应用显得尤为重要。智能传感器网络通常涉及大量的敏感数据传输，其安全性直接关系到整个系统的稳定性和可靠性。入侵检测机制通过实时监控和分析传感器网络中的数据流，能够有效地保护敏感数据和确保系统的安全性。

第四节　通信协议与接口标准

一、智能传感器常用通信协议概述

（一）协议类型

通信协议在现代信息技术中扮演着至关重要的角色，其基本定义是指在数据传输过程中用于规范数据格式、信号传输和设备交互的规则和标准。智能传感器的广泛应用要求这些协议能够适应多样化的应用场景和需求。传输层协议（如 TCP/IP），因其提供可靠的连接性和数据传输保障，广泛应用于需要高可靠性的数据传输场景。

应用层协议（如 HTTP 和 MQTT）则因其轻量级和灵活性，适用于物联网设备之间的通信，特别是资源受限的智能传感器。这些协议通过不同的功能模块，如数据封装、错误检测、流量控制和连接管理，确保了数据的可靠传输和有效管理。此外，通信协议的接口标准进一步定义了设备与设备之间的连接方式和数据交换格式，促进了不同设备和系统之间的互操作性。这种标准化的接口不仅简化了设备的集成过程，也提升了系统的整体性能和兼容性。通过对这些协议的深入理解和合理应用，能够显著提高智能传感器网络的效率和稳定性。

（二）应用场景

智能传感器作为现代信息技术的重要组成部分，其在多个领域的应用场景中展现出强大的功能和广泛的适用性。在环境监测中，智能传感器通过实时收集和传输环境数据，如空气质量、温湿度等，为环境保护和管理提供了可靠的数据支持。这些传感器通过无线通信协议，将数据传输至云端平台，供相关部门进行数据分析和决策支持。这种实时监测能力不仅提高了环境数据的准确性和时效性，同时也为应对突发环境事件提供了技术保障。

在智能交通系统中，智能传感器的应用极大地提高了交通管理的效率和安全性。通过部署在交通基础设施中的传感器，能够实时采集道路交通流量、车速、车辆类型等信息。这些数据通过通信协议传输至交通管理中心，经过分析后，可以优化交通信号控制、实现车辆智能调度，从而有效缓解交通拥堵问题。此外，智能传感器还可用于监测道路状况，及时发现并报告潜在的安全隐患，降低交通事故发生率。

农业领域同样受益于智能传感器技术的发展。通过监测土壤湿度、温度、光照强度等参数，智能传感器为农业提供了精准数据基础。这些传感器通过无线通信协议，将实时数据传输至农场管理系统，帮助农民优化灌溉和施肥策略，从而提高农作物产量和资源利用率。这种基于数据驱动的农业管理模式，不仅提升了农业生产效率，还降低了对环境的影响，实现了可持续发展的目标。

在医疗健康监测中，智能传感器实现了对患者生理参数的实时监控，如心率、血氧饱和度、体温等。这些传感器通过低功耗蓝牙或 Wi-Fi 等通信协议，将数据传输到医疗服务平台，供医务人员实时监控患者的健康状况。这种实时监测能力不仅提高了医疗服务质量和响应速度，还为远程医疗和居家护理提供了技术支持，改善了患者的医疗体验和生活质量。

二、通信接口标准的分类与特点

（一）接口标准分类

通信接口标准在智能传感器信号传输中扮演着关键角色。通信接口标准旨在规范设备间的数据传输格式和交互规则，以确保信息的准确传递，主要包括物理层、网络层和应用层接口标准。物理层接口标准，例如USB和RS232，主要负责设备间的电气连接和信号传输。这些标准适用于不同的硬件设备，确保数据能够在设备间可靠传递。网络层接口标准，如Ethernet和Wi-Fi，支持设备在网络中的数据交换，确保各类智能传感器能够有效连接到网络环境。这些标准的使用，使得传感器不仅能进行本地数据传输，还能通过网络实现远程数据交互。

物理层接口标准在传感器设备的硬件连接中至关重要。USB和RS232作为常见的接口标准，提供了稳定的电气连接和信号传输通道。USB广泛应用于现代智能设备中，因其即插即用的特性和高传输速率而受到青睐。RS232在工业领域中仍有应用，其简单可靠的特性适用于需要长距离传输的场合。这些物理层标准的存在，确保了不同设备之间的兼容性和互操作性，支持多种硬件设备的连接与通信需求。

网络层接口标准如Ethernet和Wi-Fi，提供了智能传感器在网络环境中的数据交换能力。Ethernet作为有线网络标准，提供了高速、稳定的连接，适用于需要大数据量传输的场合。Wi-Fi提供了无线连接的便利性，适合需要灵活部署的应用场景。通过支持这些网络层标准，智能传感器可以实现与其他网络设备的无缝连接，支持远程监控和数据传输，提升了传感器系统的灵活性和功能性。

应用层接口标准，如HTTP和MQTT，定义了数据交换的具体格式和协议，便于传感器数据的处理和应用。HTTP作为最常见的网络协议之一，支持传感器数据的网页显示和远程访问。MQTT专为物联网设计，支持低带宽、不稳定网络下的可靠数据传输。这些应用层标准的使用，使得智能传感器能够适应不同的应用需求，支持数据的多样化处理和应用。

（二）各类接口特点

在智能传感器信号传输与通信技术中，各类接口标准的特点各有千秋，决定了其在不同应用场景中的适用性。

USB接口标准以其即插即用功能著称，支持热插拔，使得设备的连接和断开更加便捷。USB接口广泛应用于外部设备的连接，如键盘、鼠标和存储设备等，极大地提升了用户的操作便利性。其设计初衷是为了简化设备的连接过程，使得用户无须重启计算机即可连接或断开设备，这种特性在现代计算机系统中尤为重要。

RS232 接口标准以其简单的串行通信方式著称，适用于短距离数据传输。尽管在现代通信技术中逐渐被更先进的接口标准所取代，但 RS232 依然在工业设备和老旧计算机系统中占有一席之地。这是因为 RS232 接口具备较高的抗干扰能力和稳定性，尤其在需要可靠性高、环境复杂的工业场合，RS232 接口依然是许多工程师的首选。

Ethernet 接口标准则因其高带宽和低延迟的特点，成为局域网环境中的主流选择。它支持多设备的并行通信，极大地提升了数据传输效率。在企业网络和数据中心中，Ethernet 接口能够提供稳定、高速的数据传输服务，满足大量数据交换的需求。此外，随着技术的进步，千兆以太网甚至万兆以太网的普及，使得 Ethernet 在网络通信中更加不可或缺。

Wi-Fi 接口标准提供了无线连接能力，支持远程设备的接入，具有极强的灵活性。这一特性使得 Wi-Fi 成为移动设备和智能家居的理想选择。随着物联网的发展，Wi-Fi 的应用场景不断扩展，从智能手机、平板电脑到智能家电、监控设备，Wi-Fi 接口的普及极大地推动了无线通信技术的发展，满足了人们对便捷无线通信的需求。

MQTT 协议作为一种轻量级的应用层协议，因其低带宽消耗和高效的数据传输特点，在物联网环境下的智能传感器通信中得到了广泛应用。MQTT 协议的设计初衷是为了在低带宽、不稳定的网络环境中提供可靠的数据传输，这使得它在智能传感器网络中尤为适用。

（三）标准化组织

标准化组织在智能传感器技术的发展中扮演着至关重要的角色。国际标准化组织（ISO）在智能传感器领域的标准制定过程中，始终关注产品的质量和兼容性。ISO 的标准不仅为智能传感器的生产和使用设定了统一的规范，还通过确保不同厂商产品之间的互操作性，促进了全球化市场的形成。这种标准化的过程，使得智能传感器能够在不同的应用场景中保持一致的性能和可靠性，从而为用户提供了更高的信任度和使用体验。

电气和电子工程师协会（IEEE）在通信协议和接口标准的制定方面发挥了重要作用。IEEE 通过其广泛的标准制定活动，推动智能传感器技术的不断发展与应用。IEEE 802 系列标准，例如 802.11（Wi-Fi）和 802.15.4（Zigbee），为智能传感器的无线通信提供了技术基础。这些标准不仅提高了传感器网络的效率和安全性，还为智能传感器在多样化环境中的应用提供了灵活的解决方案。

IEEE 的标准化工作，促进了智能传感器技术的创新和市场接受度。

国际电工委员会（IEC）专注于电气和电子设备的安全标准，为智能传感器的安全使用提供了重要保障。IEC 的标准涵盖了智能传感器在设计、制造和操作过程中的安全性要求，确保设备在不同环境中的可靠性和安全性。通过这些标准，IEC 为智能传感器的全球市场准入提供了保障，同时也为用户在使用过程中提供了安全和性能的双重保证。这种安全标准的制定，有助于减少设备故障和事故的发生。

物联网标准化组织致力于制定物联网相关标准，促进智能传感器在物联网环境中的互联互通。随着物联网技术的迅速发展，智能传感器作为其关键组件，必须能够在各种网络环境中实现无缝连接和数据交换。物联网标准化组织通过制定通用的通信协议和数据格式，确保智能传感器能够在不同的物联网平台之间实现互操作性。这种标准化的努力，加速了智能传感器在物联网应用中的普及。

三、通信协议的兼容性与互操作性

（一）兼容性要求

通信协议的兼容性要求在智能传感器技术的应用中尤为重要，这是因为它直接影响到不同设备之间的无缝连接能力。为了避免因协议不匹配而导致的通信障碍，兼容性要求的制定需要综合考虑多种因素。首先，标准化的接口设计是实现设备兼容性的基础。通过遵循国际标准，各个厂商可以确保其产品在不同的应用环境中能与其他设备实现互操作性。这不仅提高了设备的市场适应能力，也增强了用户在选择设备时的灵活性。

设备在设计过程中，应特别考虑向后兼容性。这意味着新系统应支持旧版设备的正常运行，以此延长设备的使用寿命，保护用户的投资。向后兼容性不仅是技术上的挑战，也是一种市场策略，能够有效地维持和扩大用户群体。此外，跨平台兼容性要求也不容忽视。智能传感器需要能够在不同的操作系统和硬件架构上稳定运行，这种灵活性使得系统的应用范围更加广泛。

通信协议的版本控制机制是确保兼容性的重要一环。在协议的更新和升级过程中，必须明确版本控制机制，以确保旧版协议能够与新版协议保持兼容，避免数据丢失。这种机制不仅能够保障现有系统的稳定性，还能为未来的技术升级提供支持。通过合理的版本管理，企业可以在技术革新过程中保持竞争力，同时为用户提供持续的技术支持和服务。

（二）互操作性挑战

在智能传感器技术的快速发展过程中，互操作性挑战成为一个不可忽视的问题。不同通信协议之间的标准化程度不足，直接导致设备在互联时可能出现兼容性问题。这种不兼容不仅影响了数据传输的效率，还可能导致信息的丢失或错误传输。设备制造商在协议实现过程中的差异，使得即使在同一协议下，不同设备之间也可能无法正常交互，增加了系统集成的复杂性。这种复杂性在系统扩展和维护时尤为明显，迫切需要更高程度的标准化来缓解这些问题。

随着技术的不断进步，旧版协议与新版协议之间的兼容性问题也逐渐显现。这种不兼容可能导致数据丢失或传输错误，从而影响系统的稳定性和可靠性。在某些情况下，旧版协议可能无法支持新功能，而新版协议的引入又可能导致对现有系统的扰动。因此，如何在保持系统稳定性的前提下，逐步引入新的通信协议，是当前智能传感器信号传输领域面临的重要挑战之一。这需要行业内外的共同努力，制定更为灵活和兼容的协议标准。

缺乏统一的接口标准是限制智能传感器系统互操作性的一个关键因素。不同厂商生产的智能传感器在接口标准上的差异，使得它们在互操作时面临诸多障碍。这不仅限制了系统的扩展性和灵活性，也增加了用户在选购和使用设备时的难度。为了实现真正的互操作性，行业需要在接口标准化方面进行更多的合作与协调，确保不同设备之间能够无缝对接，从而提升整体系统的效率和性能。

网络环境的多样性和复杂性对协议的互操作性提出了挑战。在不同的网络条件下，协议的性能可能会有显著差异，这对智能传感器的应用效果产生了不利影响。为了应对这一问题，研究人员和工程师需要开发更为鲁棒的协议，能够适应多变的网络环境，并确保在各种条件下都能保持高效的数据传输。

（三）解决方案

在智能传感器技术的快速发展背景下，通信协议的兼容性与互操作性成为亟待解决的问题。为此，建立统一的通信协议框架显得尤为重要。通过制定一个通用的框架，不仅可以促进不同设备和系统之间的互操作性，还能显著降低集成成本。这样的框架需要考虑到各种设备的特性和通信需求，以确保在多样化的应用场景中都能顺利实现数据交换和功能集成。一个成功的协议框架应具备灵活性和可扩展性，以适应未来技术的发展和新设备的加入。

引入中间件技术作为不同通信协议之间的桥梁，是解决兼容性问题的有效途径。中间件能够在设备和应用之间提供一个抽象层，简化数据传输和设备管理。它不仅可以屏蔽底层通信协议的复杂性，还能提供统一的接口，方便开发者进行应用开发和系统集成。通过中间件技术，设备制造商和系统集成商可以更加专注于应用层的创新，而不必过多关注底层协议的兼容性问题。这种技术的引入将大大提高系统的灵活性和可维护性。

通过开发开放标准，可以进一步鼓励行业合作与共享，提升设备间的兼容性和扩展性。开放标准的制定应基于广泛的行业共识，涵盖各种通信协议和接口标准，使得不同厂商的设备能够在同一平台上无缝协作。开放标准不仅能促进技术的普及和应用，还能为新兴企业提供进入市场的机会，推动整个行业的创新和发展。通过开放标准，行业可以形成一个健康的生态系统，促进各类设备的互联互通。

为了确保新技术与旧设备之间的兼容性，实施定期的协议更新和维护机制是必不可少的。随着技术的不断进步，通信协议需要不断更新以支持新的功能和特性。然而，频繁更新可能会带来系统不稳定和兼容性问题。因此，建立一个系统化的更新和维护机制，能够有效减少系统升级带来的风险，确保设备的长期可用性和稳定性。这样的机制需要包括详细的测试和验证流程，以确保每次更新都能顺利实施。

四、通信协议的安全性与数据保护

（一）认证与授权机制

认证与授权机制在智能传感器系统中扮演着至关重要的角色。认证机制的基本定义是确保只有经过验证的用户或设备才能访问系统资源，从而有效防止未授权访问。认证机制的核心在于验证用户身份的真实性，确保信息的安全性和完整性。常用的认证方法包括基于密码的认证、双因素认证和生物识别技术。基于密码的认证是最为传统和普遍的方法，尽管简单易用，但其安全性依赖于密码的复杂性和管理。双因素认证通过增加一个验证层次，提高了安全性，常用于需要较高安全级别的场景。生物识别技术利用人体特征进行认证，如指纹、虹膜等，具有高度的安全性，但也面临着成本和隐私问题的挑战。因此，根据具体的安全需求，选择合适的认证方法至关重要。

授权机制的功能在于确定经过认证的用户或设备在系统中可以执行的操作和访问的资源，确保权限管理的有效性。授权机制通过控制用户的操作权限，防止未经授权的操作对系统造成损害。基于角色的访问控制和基于属性的访问控制是两种常见的授权机制。基于角色的访问控制通过为用户分配角色来管理权限，简单而高效，适用于用户角色明确的环境。基于角色的访问控制通过用户属性、资源属性和环境属性的组合来控制访问权限，灵活性更高，适用于复杂的访问控制需求。

（二）安全漏洞防护

在智能传感器网络中，安全漏洞防护是确保信息传输安全性的重要组成部分。安全漏洞防护的首要任务是定期进行安全漏洞扫描。通过使用专业的扫描工具，可以识别和修复系统中潜在的安全隐患。这种主动的防护措施能够有效地提升智能传感器网络的安全性。漏洞扫描应作为一个持续的过程进行，以便及时发现并修复新的漏洞，确保网络的稳定和安全。通过定期的扫描和修复，可以最大限度地减少漏洞带来的风险，保障数据在传输过程中的完整性和机密性。

为了进一步降低被攻击的风险，采用最新的安全补丁和更新是必不可少的。随着技术的发展和攻击手段的不断演变，系统中可能会出现新的安全漏洞。因此，及时安装和更新安全补丁对于维护系统的安全性至关重要。通过这种方式，可以有效地修复已知的安全漏洞，增强系统的防护能力。智能传感器网络的管理者需要密切关注安全补丁的发布动态，确保系统始终处于安全的状态，以抵御潜在的攻击威胁。

实施入侵检测系统是增强网络安全防护能力的关键措施。入侵检测系统能够实时监控网络流量，识别异常行为并及时响应，从而有效地防止恶意攻击和数据泄露。通过分析网络流量数据，入侵检测系统可以检测出潜在的安全威胁，并触发相应的警报和防护措施。这种实时的监控和响应机制，不仅提高了系统的安全性，还为管理人员提供了及时的安全信息，使其能够快速采取应对措施，保障智能传感器网络的安全。

参考文献

[1] 宋爱国．智能传感器技术 [M]．南京：东南大学出版社，2023.

[2] 秦洪浪，郭俊杰．传感器与智能检测技术 [M]．北京：机械工业出版社，2021.

[3] 秦琨，吉峰．地面装备信息化技术及发展 [M]．上海：上海科学技术出版社，2023.

[4] 卢君宜，程涛，李冬冬，等．传感器原理及检测技术 [M]．武汉：华中科技大学出版社，2019.

[5] 李丹阳．智能传感器关键技术及典型应用 [M]．西安：西安电子科技大学出版社，2023.

[6] 罗志增，席旭刚，高云园．智能检测技术与传感器 [M]．西安：西安电子科技大学出版社，2020.

[7] 王晓飞，梁福平．传感器原理及检测技术 [M]．3版．武汉：华中科技大学出版社，2020.

[8] 季顺宁，聂佰玲．传感器与自动检测技术 [M]．北京：机械工业出版社，2018.

[9] 赵荣泳，张浩．UWB定位技术及智能制造应用 [M]．北京：机械工业出版社，2021.

[10] 王伟．智能检测技术 [M]．北京：机械工业出版社，2020.

[11] 吴一戎．智能传感器导论 [M]．北京：中国科学技术出版社，2022.

[12] 吴莉莉．电子信息科学技术导论 [M]．2版．北京：机械工业出版社，2021.

[13] 王庞伟，张名芳．智能网联汽车电子技术 [M]．北京：机械工业出版社，2021.

[14] 刘任露，赵近梅．现代传感器技术及实际应用 [M]．西安：陕西科学技术出版社，2022.

[15] 范君艳，樊江玲，王坚．智能制造技术概论 [M]．武汉：华中科技大学出版社，2019.